BIRDER SPECIAL

鳥の骨格標本図鑑

川上和人 著
中村利和 写真

標本協力
我孫子市鳥の博物館
ミュージアムパーク茨城自然博物館

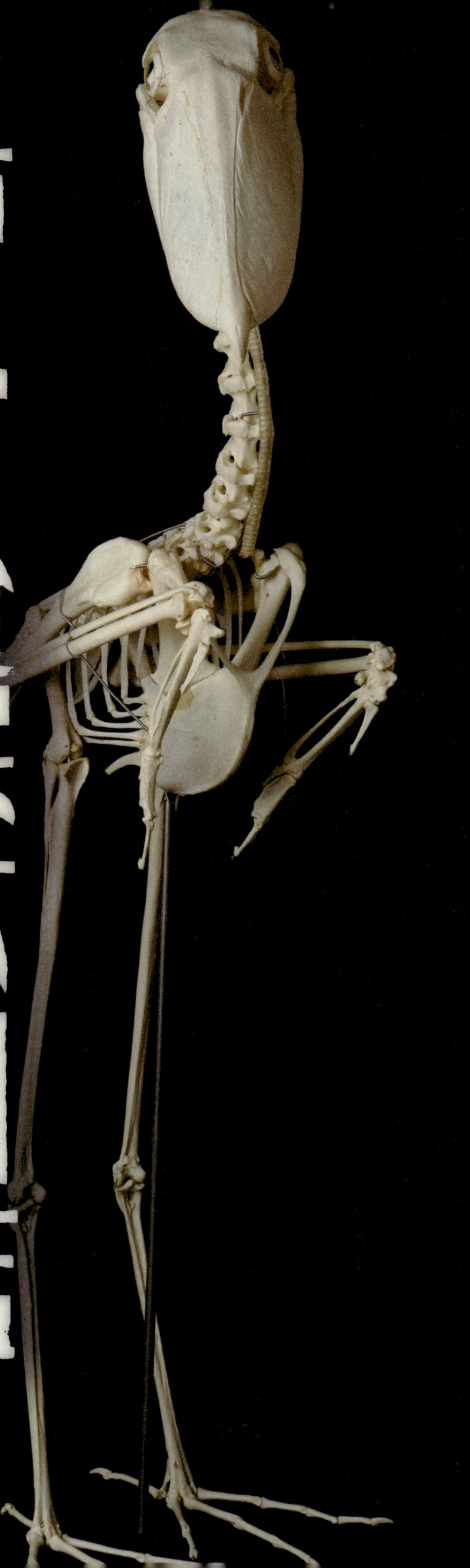

文一総合出版

アオシギ　ルリビタキ　オナガガモ

鳥は骨からできている

骨と羽毛とどっちが鳥か

　骨に豊かと書いて「體」。新字体では「体」という活字が採用されているが、旧字体のほうが趣がある。骨に豊かな肉がつけば体になり、体から肉を除けば骨になる。脊椎動物の構造を捉えた秀逸な文字である。

　「體」をどう簡略化すれば「体」になるのかはいまだによく理解できないが、それはさておき人間を含め脊椎動物が骨格に支えられて生きていることは確かだ。もし骨格がなかったら立つこともままならない。ポパイはオリーブを救えず、トム・クルーズはビルの壁を登れず、ソファに寝そべり映画を見るぐらいしか能がなくなるのだ。

　もちろんそんなカウチポテト生活も嫌じゃないが、なにしろ骨格は大切なものである。

　4億年以上前の祖先がまだ海中にいたころ、体内に骨が形成された。当初はカルシウムの貯蔵庫として進化したと推定される。これがいずれ体を支える役割を獲得する。

　骨格が体を支えたからこそ、魚類は両生類を経て陸上に進出できた。やがて有羊膜類が出現し、爬虫類から恐竜へ、恐竜から鳥類へと進化の道が刻まれてきた。骨格こそが脊椎動物を世界の隅々に進出させた立役者なのだ。

　さて、鳥の特徴といえば空を飛ぶことである。その飛行を支えるのは羽毛で構成された翼である。羽毛は現生動物では鳥類のみが持つユニークな器官だ。

　鳥の特徴として美しい羽衣をあげる人もいる。青いオオルリに赤いコマドリ、贅沢にも総天然色のヤイロチョウ、多様な色彩の妙はこれもまた羽毛によって描かれている。

　前述の通り、骨ははるか祖先から受け継

オオルリ

コマドリ

アオシギ　　　　　　　ルリビタキ　　　　　　オナガガモ

がれてきたもので、ブロブフィッシュにもカエルにもドーバーデーモンにも骨がある。この点で、骨は脊椎動物にありふれた器官である。

一方で羽毛は鳥だけが持つ。鳥の鳥らしさは、羽毛によって特徴づけられていると言ってもよかろう。

鳥は飛ぶもの

そういうわけで、鳥といえば羽毛だ。

おかげで鳥は外見ばかりが注目される。確かに私自身これまでさまざまな局面で羽毛による翼の進化の妙とその魅力を語ってきた。鳥の図鑑では外見のみが脚光を浴び、その内部に骨格があることすら忘れられている。

しかし、物事を表面的に判断してはならないと小学校の先生もレオナルド・ダ・ヴィンチも言っていた。羽毛や筋肉、内臓などは所詮移ろいやすいものである。生きていれば代謝により毎日毎年形状が変化し、死ねば分解されて速やかに消失していく。じつに儚い存在である。

だが、骨はちがう。いったん形成されれば質実剛健で安定極まりない。腐りゆく軟部組織を尻目に1億年も2億年も平然と維持される。

鳥類を理解するため、鳥だけが持つ羽毛という形質に注目することは王道である。だが、ほかの脊椎動物も共通して持つ骨という一般的素材に注目し、普遍の中にある鳥の鳥らしさを見出すこともまた1つの見識である。

そこで、ここはひとつ軟弱極まりなく不安定な鳥の外見は忘れ、骨に注目することをご容赦いただきたい。

骨はリン酸カルシウムで構成された器官で、鳥の体を支える役割を担っている。この点はほかの脊椎動物と同じである。しかし、ほかの動物とはちがい鳥は空を飛ばなくてはならない。

地上生活者はのうのうと必要以上に頑丈な骨格を持つ。なにしろ地面が支えてくれるので、ゴンとドテチンが落とし穴を作らない限り多少重くなってもそれより下に落ちることはない。骨折しにくい頑丈な骨格は生存上の有利となるだろう。

だが、鳥はそうはいかない。体を支える丈夫さと飛ぶための軽量性という二律背反する目的の両立が必須だ。このため、運動に必要な最低限の構造を維持しつつ、無駄を極限まで削ぎ落としたアスリート型骨格を進化させてきたのだ。鳥の骨を一言で象徴するなら、「機能美」に尽きる。

鳥の骨について知っても、この先の人生に役立つことは何もないだろう。だが、長い進化の歴史が紡いだ機能美に触れ、損をしたと思う人もいないはずだ。

この本は、鳥の骨に特化したヴンダーカンマーである。

大いなる遺産

　二足歩行は、鳥がほかの脊椎動物と大きく異なる点だ。

　なぜ鳥が二足歩行なのかというと、祖先が二足歩行だったからに他ならない。ザクが単眼なのは、旧ザクが単眼だったからというわけだ。

　鳥の祖先は獣脚類恐竜である。ティラノサウルスやゴジラザウルスの仲間だ。小型の獣脚類に翼を持つ種が出現し、空を飛びはじめたのだ。嘘だと思ったら、獣脚類の頭にくちばしを、腕に翼を、尻尾に尾羽を落書きしてみよう。もう鳥にしか見えない。

　獣脚類恐竜の骨格には、二足歩行以外にも鳥に連なる形質が見つかる。左右の鎖骨が癒合したV字形の叉骨は恐竜時代に獲得されたものだ。ヴェロキラプトルなどでは、尺骨の上に翼羽乳頭が並ぶ。これは風切羽の付着部であり、彼らが翼を持っていた証拠となる。ティラサウルスでは、骨の中に骨髄骨が形成されていることで性判定を行う。キジ類などの雌が

恐竜が半分

フクイラプトル（獣脚類恐竜）

繁殖期に大腿骨の内部などに卵殻形成用のカルシウムを貯蔵するのと同じと考えられている。これらの形質は、獣脚類から鳥類に引き継がれた形質と言える。

　これらの特徴は鳥を空に誘った。二足歩行だからこそ翼は飛行に専念できた。飛翔時に叉骨はバネのようにたわみ、肺の拡縮を補助し効率よい呼吸を実現する。翼羽乳頭は風切羽を支え飛行の安定を約束し、円滑な卵形成は軽量化を促す。

　鳥が飛べたのは、恐竜の形質を受け継いだおかげだ。

新たなる資産

　一方で、鳥は恐竜にはない形質も独自に進化させてきている。ザクで言うなら肩のトゲトゲに相当する部位だ。

　鳥の上腕骨は内部に気嚢が入り込み中空になっている。恐竜も胴体や首には気嚢があったが、上腕骨にまで貫入した気嚢は鳥独自のものだ。

　骨の癒合も鳥の特徴だ。手根骨と中手骨が癒合した手根中手骨、足根骨と中足骨からなる足根中足骨、胸部の椎骨による癒合胸椎、そこかしこに見られる。骨が癒合すれば関節が減り可動性が低下する。一方で軽量化と堅牢化が達せられるのだ。

　鳥の胸骨には、背後から随分太った青龍刀で貫かれて胸に飛び出したかのような骨がある。これは竜骨突起、飛翔のための筋肉である胸筋と烏口上筋の付着部であり、鳥にしかないユニークな部位だ。

　短くなった尾とその先端の尾端骨も鳥が獲得した構造だ。鳥は重い尾を廃し、尾羽による尾を進化させた。尾羽を開いたり上下させたりできるのは、基部に尾端骨があるからだ。

　これらの新たな特徴はいずれも飛行の効率をよくする形質だ。空に進出した鳥類の形態は時間をかけて洗練されてきた。これらは真に鳥らしい特徴と言える。

　親譲りの特性と、自ら獲得した特性。鳥の形質には異なる由来の両者が含まれている。それを探すのも骨格鑑賞の楽しみの1つだ。

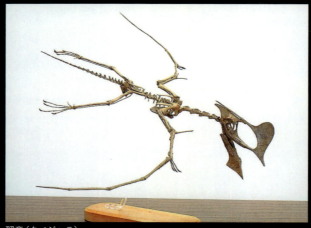
翼竜（タペジャラ）

それでは
薬は塗れません

空も飛べるはず

　鳥以外で、空飛ぶ脊椎動物を思い浮かべてみる。

　コウモリ、ムササビ、トビトカゲ、カル・エル、ヨクリュウ、トビガエル、トビウオ、トビヘビ、バットマン。

　聡明な紳士淑女は、仲間はずれが2つ含まれていることに気づくだろう。そう、コウモリと翼竜だ。これらだけが羽ばたいて飛ぶ動物だからだ。

　滑空専門の動物は自由に上昇できない。このため、ムササビもトビガエルも地面までの落下距離を伸ばしているに過ぎず、真の飛行者とは言い難い。脊椎動物の歴史で羽ばたき飛行者は、翼竜とコウモリ、そして鳥しかいないのだ。

　ただし、翼竜とコウモリの飛行器官は鳥と異なる。彼らは羽毛ではなく皮膜を使って飛ぶ。皮膜は皮膚という既存の器官を拡張したものなので、羽毛より進化しやすいはずだ。ムササビやイッタンモメンなどの滑空者もみな皮膜を利用して飛ぶのも納得である。

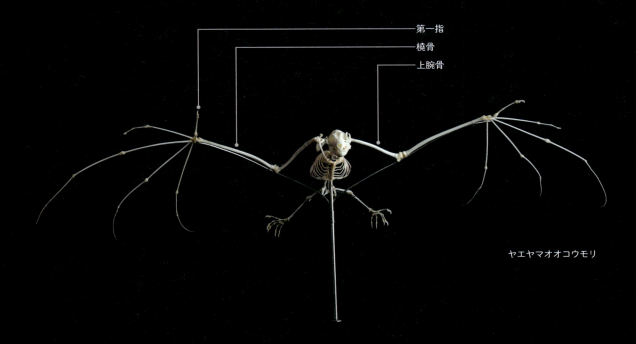

ヤエヤマオオコウモリ

　皮膜は翼の骨格に鳥と圧倒的に異なるデザインを与えた。鳥類では翼の骨格が極めてコンパクトだが、翼竜とコウモリでは翼のサイズ感が生前と変わらないのだ。このため、骨格的には翼竜とコウモリのほうがスズメよりカッコいいと認めざるを得ない。

蝙蝠傘 vs. 板扇

　翼竜の骨格標本を見ると、翼は薬指に支えられており小指は消失している。これじゃ薬をつけるのもひと苦労というほど、薬指が伸びている。しかし、指1本で翼を支えているとは見上げた根性だ。
　コウモリは人差し指から小指までの4本で皮膜を支える。指1本で支えるよりは力が分散され、コントロールもしやすいだろう。その構造はまさに蝙蝠傘である。
　いずれにせよ、皮膜で飛ぶには翼サイズの長い指が必要なのだ。

　また、彼らは二足歩行ができないため、樹上や地上での移動に前肢を利用する。翼竜では第一指から第三指が、コウモリでは第一指が翼に残るのは、このためだ。
　翼竜は世界で初めて空に進出した脊椎動物である。コウモリは哺乳類の地上の覇者たる地位を捨て空を目指した。彼らのフロンティア・スピリットは敬意に値する。しかし、前者は白亜紀末に絶滅し、後者は夜間にしか進出できなかった。
　鳥の翼は小さな羽毛の集合体だ。このため、扇子のように面積が変化させられる。しかも紙を貼らない板扇タイプなので、羽毛の間に隙間を作り空気抵抗も変えられる。皮膜に比べ飛行効率のよい器官なのだ。
　羽毛を使うがゆえ、鳥の骨格では翼が小さくなり、若干しょんぼりした雰囲気になる。翼竜やコウモリの骨格を羨みつつも、このデザインが空の覇者たらしめたのだと溜飲を下げたい。

この本の使い方・凡例

① 分類と掲載順：目名、科名、和名、英名、学名は原則として『日本鳥類目録改訂第7版』（日本鳥学会）およびIOC World Bird List v9.2（Gill & Donsker 2019）に準拠した。なお、分類は時代により変化するため、これが恒久的なものではない。

② 標本写真：交連骨格標本は本書の肝である。白い骨と黒い背景のモノクロ世界を贅沢にもフルカラーでご紹介だ。まずは全体像のバランスを見てほしい。翼や脚の長さ、胸骨や頭のサイズに生活や進化の歴史が刻まれている。次に細部に目を移すと、種としての特徴がわかる。俯瞰的に他種と比較すればさらに興味が深まる。骨格の形態は、鳥の行動と系統を反映する知識の源流である。

③ 解説：いきなり骨格標本を並べられても、どこに注目すべきか迷う人もいるだろう。そこで骨の見どころを用意した。パーツ写真も理解の一助となるだろう。ただし、全種個々に注目すべき特徴があるとは限らない。このため雑駁で大味な記述もあるが、目くじらを立てずに好意的に受け止めてもらいたい。下線を引いた用語については、164～165ページで解説している。

④ 生態写真：生前の写真を可能な限り骨格標本と同じ姿勢で掲載した。羽毛や筋肉など軟部組織をまとった姿と骨格とのちがいを楽しんでほしい。なお、ひと言解説はあくまでも著者個人の見解である。

⑤ 縮尺：各種鳥類に1cm、または5cmのスケールを用意した。1万円札の札束に換算すると1cmで100万円、5cmで500万円だ。たとえばダチョウなら約2mなので2億円、ブガッティのヴェイロンが買える全高である。

骨の部位の名称

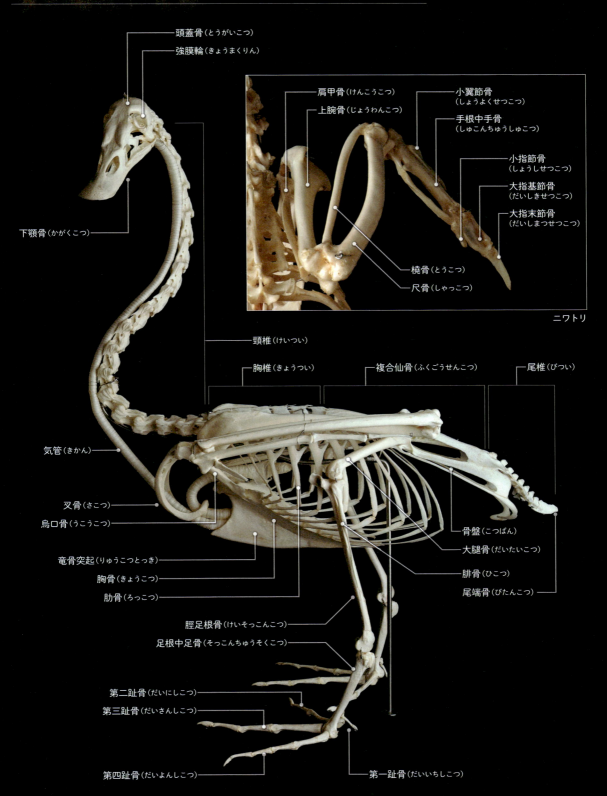

ニワトリ

コハクチョウ

骨を読む

頭の骨

　頭蓋骨を見るときに注目すべきは、鼻孔の形態だ。生前と変わらぬ小さな鼻孔を持つ全鼻孔型と、くちばしの先端近くまで鼻孔が拡張されている分鼻孔型がある。骨は硬いという印象があるが、後者の場合は骨が細くなるためくちばしを曲げることができる。分鼻孔型の鳥は器用に食物を扱える種だ。

　眼球の居室である眼窩とその中の強膜輪のサイズは、日周行動の指標となる。眼窩の上に凹みがあればそれは塩類腺の圧痕であり、海洋利用の証拠となる。くちばしの上に並ぶ小さな孔は三叉神経の分布を示し、触覚の敏感さの象徴だ。頭蓋骨は鳥の行動を映す鏡なのだ。

じつはカツオドリは鼻の孔がない。海鳥なのに塩類腺が眼窩上にはなく内側にある。特殊過ぎて例として不適切この上ない。ゴメンナサイ

胴体の骨

　胸骨に屹立する竜骨突起は、飛翔筋である胸筋と烏口上筋の付着部である。この骨のおかげで鳥は強い飛翔力を手に入れた。そのサイズと形は、飛翔性能や飛翔方法と大きく関わる。竜骨突起は鳥のみにあり、鳥の骨の中で最も鳥らしい部位と言える。本当は獣脚類のアルバレスサウルス類にもあるが、今はそれは気にしない。

　鳥の胸部は癒合胸椎と肋骨、胸骨が作る堅牢なカゴ状になっている。腰から下は癒合仙椎を中心とした骨盤が展開される。鳥の体幹は癒合した椎骨で構成されているため脊椎の可動域が小さく、柔軟性がないのが特徴だ。飛行時の移動モジュールは翼である。このため、前肢で体を支え胴体を水平に保たなくてはならない。柔軟ではないからこそ、鳥は後方に体をなびかせた空気抵抗の少ない姿勢をとりやすくなる。椎骨が癒合していない人間がタケコプターでこの姿勢をとろうと思うと、よほどの背筋が必要なのだ。

カツオドリの胸骨。斜め前方に竜骨突起が飛び出している

10

翼の骨

　鳥を鳥たらしめる自慢の種は翼である。肘から先にあたる尺骨には翼羽乳頭がポツポツと並ぶ。翼の平面部を構成する風切羽が付着していた痕である。しかし、肩から肘にあたる上腕骨にその痕はない。これは、風切羽が上腕には生えていないことを示している。上腕に風切羽があると、翼を畳んだときに胴に干渉したり上に飛び出したりして邪魔になるため、このような構成となったのだろう。上腕骨は高速で羽ばたく鳥では短く、滑空者では長くなる傾向がある。一方で飛ばない鳥では、上腕骨に対して尺骨から先の長さが極度に短くなる。

　人間では手首から先は多数の手根骨や中手骨、指骨で構成され、多くの関節のある複雑な構造となる。鳥ではこれらが適宜癒合し、指の数が3本に減少することで、単純化されている。癒合は関節を減少させ、関節を動かす筋肉を減らすとともに、構造を強化する。骨の総量の減少は軽量化を進める。飛翔器官としてはいいことづくめだ。

カツオドリの翼の骨。上から長い上腕骨、2本で支える橈骨と尺骨、多くの骨が癒合した手根中手骨

脚の骨

　羽毛があると太ももの位置がわからないが、骨格では一目瞭然だ。太ももは胴体の横に密着し、シルエット上は胴体の影に隠れている。この部位は真下ではなく斜め前に向いているため、外見的な脚の長さには貢献しない。外見的な脚の長さを演出するのは、膝から下の脛足根骨と足根中足骨だとわかる。

　鳥にとって、外部の物体と日常的に接する部位は限られている。くちばしと足裏だけだ。物理的な接触のある部位は、対象に合わせて適応的に進化しやすい。鳥のくちばしは食物の多様性を反映し、変異に富むことはご存知の通りである。同じことは足先にも言え、趾の長さや本数、爪の湾曲、足根中足骨の太さや長さは生息環境により変異する。

　鳥の特徴は確かに飛ぶことだ。だが、飛行時間よりも地面や樹上にいる時間のほうがはるかに長い。その長い時間を支えている脚だからこそ、特徴が出るのだ。

カツオドリの脚の骨。上から大腿骨、脛足根骨、足根中足骨、指骨。足根中足骨の短さが、外見上の短足さを演出する

尾の骨

　ほかの部位に比べて存在感がない。シソチョウ時代は多数の尾椎が連なった長い骨格があった。しかし、それは徐々にコンパクトになり、複数が癒合した小さな尾端骨に昇華した。尾の骨の存在感のなさこそ、鳥の大きな特徴なのだ。

カツオドリの尾端骨。尾椎が合体変形した骨。振り回せば武器になりそうだが、振り回さない

もくじ

鳥は骨からできている 2
恐竜が半分 4
それでは薬は塗れません 6
本書の使い方・凡例 8
骨の部位の名称 9
骨を読む 10

ダチョウ目 14
ヒクイドリ目 15
キジ目 16
カモ目 21
カイツブリ目 37
ハト目 40
アビ目 45
ペンギン目 47
ミズナギドリ目 48
カツオドリ目 53
ペリカン目 56
ツル目 69
ノガン目 78
カッコウ目 80
ヨタカ目 81
アマツバメ目 82
チドリ目 84
タカ目 99
フクロウ目 109

サイチョウ目 114
ブッポウソウ目 115
キツツキ目 118
ハヤブサ目 122
インコ目 125
スズメ目
　コウライウグイス科 127
　モズ科 128
　カラス科 129
　シジュウカラ科 132
　ヒバリ科 134
　ツバメ科 135
　ヒヨドリ科 136
　ウグイス科 138
　ムシクイ科 140
　メジロ科 141
　ヨシキリ科 143
　レンジャク科 144
　ムクドリ科 145
　ヒタキ科 146
　スズメ科 152
　セキレイ科 153
　アトリ科 155
　ホオジロ科 160

誰がために骨となる 162
用語の解説 164
主な参考文献 165
種名索引 166

骨太コラム
　十人十色千差万別 21
　みんなちがって 67
　骨折り損の 126

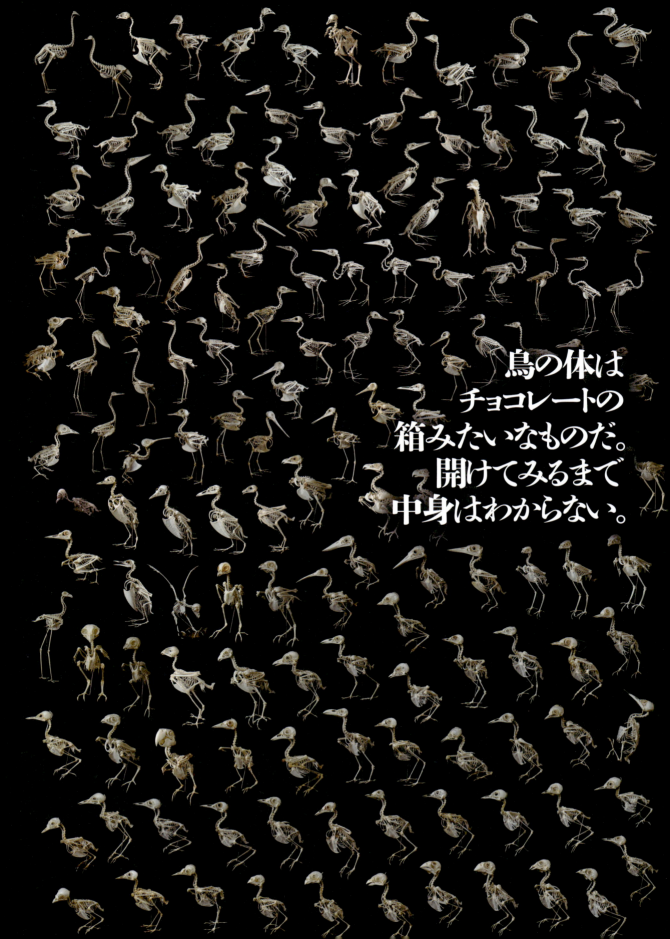

ダチョウ目ダチョウ科

Common Ostrich
ダチョウ
Struthio camelus

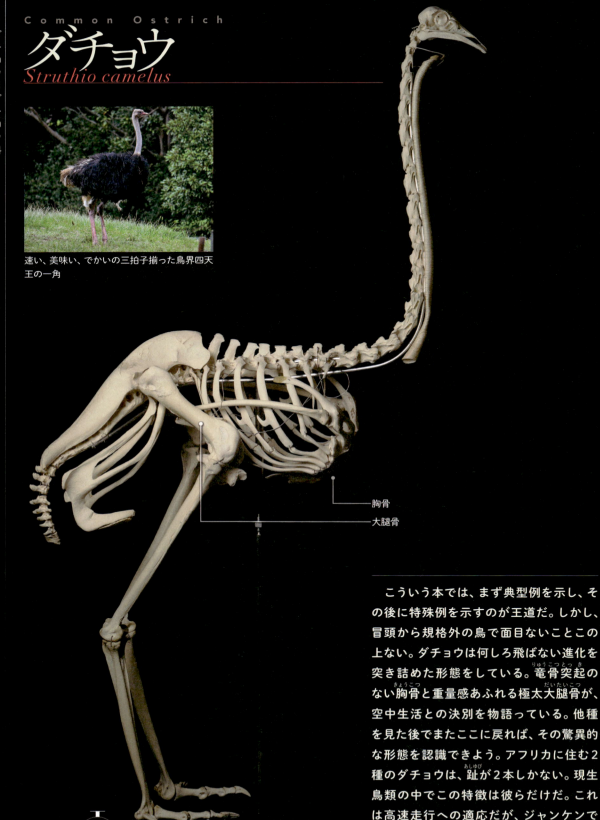

速い、美味い、でかいの三拍子揃った鳥界四天王の一角

胸骨
大腿骨

第一趾
第二趾

5cm

　こういう本では、まず典型例を示し、その後に特殊例を示すのが王道だ。しかし、冒頭から規格外の鳥で面目ないことこの上ない。ダチョウは何しろ飛ばない進化を突き詰めた形態をしている。竜骨突起のない胸骨と重量感あふれる極太大腿骨が、空中生活との決別を物語っている。他種を見た後でまたここに戻れば、その驚異的な形態を認識できよう。アフリカに住む2種のダチョウは、趾が2本しかない。現生鳥類の中でこの特徴は彼らだけだ。これは高速走行への適応だが、ジャンケンでパーなのかチョキなのか区別がつかないのが難点である。

Emu
エミュー
Dromaius novaehollandiae

テンションが上がると飛んだり跳ねたり伸びたり縮んだり、ファンキーなダンスが止まらない

ヒクイドリ目ヒクイドリ科

シギダチョウも古口蓋類だが、飛べるので胸骨に竜骨突起がある。胸骨の形はキジ科に似る(p.16)

　ダチョウとともに古口蓋類と言うグループに含まれる。ほかにもヒクイドリやキーウィ、モア、レア、シギダチョウなどがこのグループを構成する。シギダチョウ以外は空を飛べないのが特徴だ。とはいえ、彼らも飛べる祖先から無飛翔性に進化したことはまちがいない。エミューの翼はダチョウに比べてはるかに小さく、外見的にはほぼ確認できない。こうして骨格にすると、ミニチュアサイズの翼の骨があるのがわかる。そしてその先端部には、爪も生えている。一体何に使っているのだろう。ちなみにダチョウとはちがい、趾は3本である。

5cm

15

キジ目キジ科

Rock Ptarmigan
ライチョウ
Lagopus muta

高山に生き残る氷河期の忘れ形見。雷獣を好んで食べる益鳥

キジ科（ニワトリ・左）の胸骨は枝が生えた特徴的なシルエットを持つ。右はトビ

竜骨突起

　一般的な鳥の胸骨は、胸に沿った平面部があり、その上に竜骨突起が張り出す。しかし、キジの仲間はこの平面部が省略されており、この範囲を支える枝状の骨だけがある。カッパの手だと思っていたら、水掻きがなくてサルの手だったというわけだ。この枝状の骨が板バネのように曲がることで筋力以上の力を発揮して力強く飛び立てるのだろう。長距離飛翔ではなく、短距離の瞬発的な飛翔に適した形態と言える。もちろんニワトリ（p.20）も同じ構造を持つので、ぜひ確認してもらいたい。系統の異なるシギダチョウも似た胸骨を持つのは興味深い点だ。

16

ウズラ
Japanese Quail
Coturnix japonica

江戸時代には鳴き声を楽しむ観賞用だった。採卵が流行りだしたのは明治以降

上腕骨
尺骨
手根中手骨

1 cm

　キジ科には約150種の鳥が含まれる。この中で定期的な渡りをするのはわずか3種だが、そのうち1種がこのウズラである。一般に長距離を飛ばないキジ目の翼は短く丸い。そして、長距離飛行をしない鳥では、前肢に占める肘から先の長さが短くなる。飛翔に使う風切羽が肘から先にのみ生えるからだ。そこで、上腕骨の長さに対する尺骨＋手根中手骨の長さを測ってみた。渡りをしないキジでは1.41、渡りをするウズラでは1.47となった。見た目とは裏腹に、ウズラの骨格は確かに渡りに適応しているようだ。

キジ目キジ科

キジ目キジ科

Common Pheasant
キジ
Phasianus colchicus

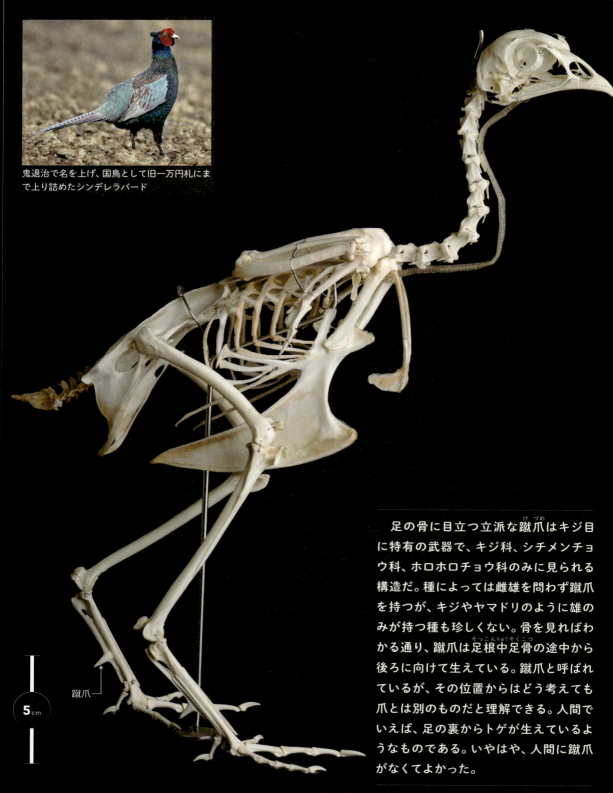

鬼退治で名を上げ、国鳥として旧一万円札にまで上り詰めたシンデレラバード

足の骨に目立つ立派な蹴爪(けづめ)はキジ目に特有の武器で、キジ科、シチメンチョウ科、ホロホロチョウ科のみに見られる構造だ。種によっては雌雄を問わず蹴爪を持つが、キジやヤマドリのように雄のみが持つ種も珍しくない。骨を見ればわかる通り、蹴爪は足根中足骨(そっこんちゅうそくこつ)の途中から後ろに向けて生えている。蹴爪と呼ばれているが、その位置からはどう考えても爪とは別のものだと理解できる。人間でいえば、足の裏からトゲが生えているようなものである。いやはや、人間に蹴爪がなくてよかった。

蹴爪

5cm

18

Chinese Bamboo Partridge
コジュケイ
Bambusicola thoracicus

キジ目キジ科

20世紀初頭に狩猟用に放鳥された外来種。味はまあまあ

　鼻の穴が大きい。これはキジ科の骨格の特徴である。おかげで上嘴の骨格が弱く、標本作製するときにも簡単に折れてしまうのでいつも苦々しく思っている。一方で、生前にはキジ科の連中は無頓着に力強く地面をつついているが、折れまいかとビクビクする様子は見られない。これは、ケラチンでできた鞘がくちばしを覆うことで強化されているためだ。ケラチンはタンパク質の1種で、人間の爪や鳥の爪、蹴爪の鞘などもケラチンでできている。硬い鞘でカバーすることで軽量かつ丈夫な構造を持つのが鳥の黄金パターンだ。

蹴爪

5cm

キジ目キジ科

Chicken
ニワトリ
Gallus gallus domesticus

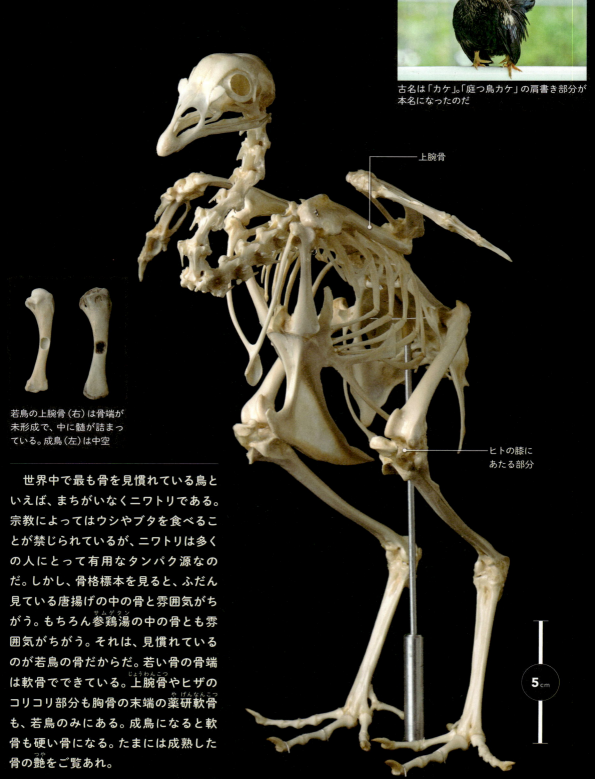

古名は「カケ」。「庭つ鳥カケ」の肩書き部分が本名になったのだ

上腕骨

ヒトの膝にあたる部分

5cm

若鳥の上腕骨（右）は骨端が未形成で、中に髄が詰まっている。成鳥（左）は中空

　世界中で最も骨を見慣れている鳥といえば、まちがいなくニワトリである。宗教によってはウシやブタを食べることが禁じられているが、ニワトリは多くの人にとって有用なタンパク源なのだ。しかし、骨格標本を見ると、ふだん見ている唐揚げの中の骨と雰囲気がちがう。もちろん参鶏湯(サムゲタン)の中の骨とも雰囲気がちがう。それは、見慣れているのが若鳥の骨だからだ。若い骨の骨端は軟骨でできている。上腕骨(じょうわんこつ)やヒザのコリコリ部分も胸骨の末端の薬研軟骨(やげんなんこつ)も、若鳥のみにある。成鳥になると軟骨も硬い骨になる。たまには成熟した骨の艶(つや)をご覧あれ。

20

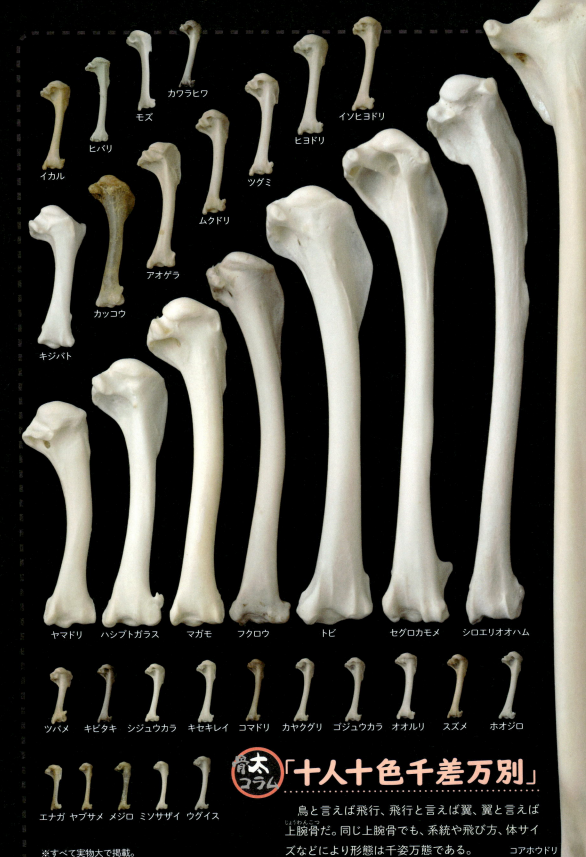

骨太コラム「十人十色千差万別」

鳥と言えば飛行、飛行と言えば翼、翼と言えば上腕骨（じょうわんこつ）だ。同じ上腕骨でも、系統や飛び方、体サイズなどにより形態は千姿万態である。　　コアホウドリ

※すべて実物大で掲載。

21

カモ目カモ科

Bean Goose
ヒシクイ
Anser fabalis

ヒシも食べるが、ヒシ以外も食べる。ちなみに英語ではマメクイ

叉骨

じつに立派な叉骨をしている。叉骨は2本の鎖骨が癒合してV字形になったものだ。長距離の渡りをする大型の鳥、特に滑空よりも羽ばたきを主とする鳥では、頑健な叉骨を持つ傾向がある。叉骨は翼の上下に合わせてバネのようにしなり、V字が開いたり閉じたりする。この動きは肺や気嚢の容量を強制的に拡縮し呼吸を補助してくれる。羽ばたき飛行には多くのエネルギーを、多くの酸素を必要とするため、叉骨が強化されているのかもしれない。そしてそのバネ的な動きは、羽ばたきそのものの動作を物理的に補助しているはずだ。

Cackling Goose
シジュウカラガン
Branta hutchinsii

カモ目カモ科

普通ならホオジロガンと名づけたくなるところだ。この和名の命名に敬意を表する

大腿骨

ヒトの肘にあたる部分

　ガンもカモも、大きさがちがうだけで基本的な体の形は同じだ。そう思う人もいるかもしれないが、骨格にするとそのちがいがよくわかる。ガンは翼の骨がとても長いのだ。翼を閉じると、ガンの肘の部分は大腿骨の付け根よりも後ろに位置している。試しにコガモ（p.31）と比べて見てほしい。コガモでは肘が大腿部の付け根より前方にあり、翼が短いのがわかる。体重は体長の3乗で増加するが、翼面積は自乗でしか増えない。このため、体が大きくなると体重を支えるため翼のサイズをさらに大きくしなくてはならないのだ。

5 cm

23

カモ目カモ科

Mute Swan
コブハクチョウ
Cygnus olor

日本では主に飼養鳥として公園などで見られる

気管

竜骨突起

5cm

　コブハクチョウとオオハクチョウを見比べると、胸骨の形が大きく異なっているのがわかる。オオハクチョウでは胸骨の竜骨突起が幅広になり内部が空洞化しており、そこに気管が入り込んでいる。一方でコブハクチョウの胸骨はいたって普通の平たい竜骨突起を持っている。オオハクチョウが特殊な竜骨突起を持つのは、大きな鳴き声を出すために気管を伸ばし胸骨を共鳴箱として利用しているからだ。対するコブハクチョウは英名をMute Swan、すなわち「沈黙のハクチョウ」という。行動が名前にも骨格にも反映されているのである。

Whooper Swan
オオハクチョウ
Cygnus cygnus

カモ目カモ科

属名のシグナスはハクチョウ座のこと。ヤマハに同名のスクーターがある

中が空洞になり気管が入り込む特徴的な竜骨突起。ツルも似た構造を持つ（p.71）

頸椎

気管

竜骨突起

5cm

　なんだかバランスがおかしい。そんな印象すら与えるのは、首が長すぎるからだ。ふだんは羽毛で隠れているため、その長さが少しばかり控えめに見えるが、脱ぐとスゴイのである。鳥の首の骨は頸椎（けいつい）といい、その数は種によって異なっている。オオハクチョウは鳥類の中で最も多数の頸椎を持ち、その数25個を数える。一般に脊椎（せきつい）動物の頸椎は7つ。ヒトもキリンもロクロクビも同じだ。骨の数が多ければ関節が多くしなやかな運動が可能となる。"白鳥の湖"の美しい曲線の秘密はここにある。

25

カモ目カモ科

Mandarin Duck
オシドリ
Aix galericulata

どんぐりが好きなことで有名。オシドリのドとリは、ドングリのドとリ

オシドリは日本に住むカモの中でも一風変わった性質を持っている。多くのカモが地上に巣を作るなか、オシドリは樹洞に営巣するのだ。そして、彼らはドングリをよく食べることも知られている。特殊な性質なのだから、骨格にも特徴があるのではないかと期待していた。しかし、骨だけを見ると彼らはなんの変哲もないカモである。木の枝の上に上手に止まるために足の裏にスパイクが生えていたり、ドングリを落とさず食べられるよう口の中にエイリアン的口吻が伸びていたりを期待したが、そんなものはなかった。オシドリのオシドリらしさは羽毛があってこそなのである。

26

Eurasian Wigeon
ヒドリガモ
Anas penelope

カモ目カモ科

気管

ヒドリは「緋鳥」。それならヒガモでよかったのでは？

5cm

　冬になると静かな湖畔の森の陰から「ピー」とか「ピョー」とか鳴く声が聞こえてくる。ヒドリガモである。カモ類はみんな「グワグワ」言っているだけのように思えるかもしれないが、じつは種類によりさまざまな声で鳴く。鳥は鳴管(めいかん)の筋肉を震わせて声を出すので、その構造が大切な役割を果たす。口からつながる気管(きかん)は、途中でY字に別れて左右の肺に達する。このYの分岐点に鳴管があるが、カモはここにオカリナと筋斗雲(きんとうん)を足して二で割ったような形の構造を持つ。気管は軟骨(なんこつ)でできているので、骨格標本でも残されていることが多い。種類によって微妙に異なるその構造を見ると、彼らの歌声が聴きたくなる。

カモの鳴管は十鴨十色。左からコガモ、オカヨシガモ、カルガモ、マガモ。

27

カモ目カモ科

Mallard
マガモ
Anas platyrhynchos

マガモから家禽化したのがアヒル。お尻のカールがチャームポイント

　日本人にとって最もカモらしいカモといえば、マガモである。冬になると全国各地の水辺でその姿を見ることができるが、夏に見られる地域は少ない。国内での繁殖地は北海道や東北など一部の地域に限られているからだ。要するに彼らは渡りをするのだ。カモ類の重そうな体で長距離移動するには、大きな飛翔筋、すなわち胸筋が必要である。大きな胸筋を持つにはそれが付着する大きな胸骨（きょうこつ）が必要である。彼らの胸骨は前後に長いが、これが大きなエンジンを格納するフレームなのだ。

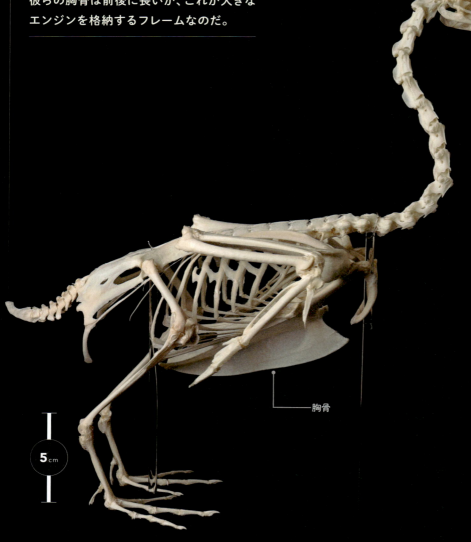

胸骨

マガモの胸骨。前後に長い胸骨のおかげで、大きな胸筋が付着できる

28

カルガモ
Eastern Spot-billed Duck
Anas zonorhyncha

カモ目カモ科

カモといえば雄が派手で雌が地味なことが多いが、この種は雌雄同色の仲良しさん

　鳥のくちばしの骨の先端を見ると、イチゴのぽつぽつを思い出す小さな穴が空いている。これは神経の通っていた孔だ。種類により孔の密度は異なるが、カモ類は高密度の部類だ。孔がたくさんあるということは、くちばしの先端の触覚が鋭いということだ。カルガモを見ていると、濁った水面下でくちばしをシャバシャバしながら採食している。横向きについた彼らの目で、水中の食物を探索するのは難しいだろう。敏感なくちばしを使い、手探り的に水中の食物を発見しているのである。

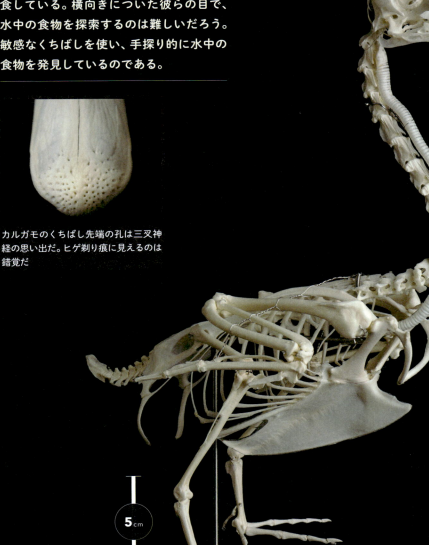

カルガモのくちばし先端の孔は三叉神経の思い出だ。ヒゲ剃り痕に見えるのは錯覚だ

5cm

29

カモ目カモ科

Northern Shoveler
ハシビロガモ
Anas clypeata

くちばしの板歯も立派だが、舌もトゲトゲのモサモサで立派

　英名をショベラーと言うが、これはショベルのようなくちばしからついた名前だろう。もう少し大きくなれば、ショベレストに進化する。カモ類は食べ物の種類に合わせて口内に多様な微細構造を持つ。ハシビロガモの場合は、上嘴内側の両脇がヒゲクジラのように細かい櫛状構造となっている。このような修飾は、骨ではなく骨を覆うケラチン質の鞘によるものだ。このため骨格ではその妙を楽しむことはできない。野生個体のあくびで口内をご覧いただければ、その構造が確認できる。生身と骨格を比較すれば、骨から外部形態を想像することの限界が実感できよう。

ハシビロガモのくちばしに並ぶ櫛状の構造は、触ると意外と硬い

5cm

30

コガモ
Anas crecca

大きな人にとっては手のひらサイズの小さなカモ。下仁田ネギは背負えない

　カモもガンも、大きさがちがうだけで基本的な体の形は同じだ。そう思う人もいるかもしれないが、骨格にするとそのちがいがよくわかる。カモは翼の骨が短いのだ。翼を閉じると、コガモの肘の部分は大腿骨の付け根よりも前方に位置している。試しにシジュウカラガン（p.23）と比べてみてほしい。シジュウカラガンでは肘が大腿部の付け根より後方にあり、翼が長いのがわかる。体重は体長の3乗根で減少するが、翼面積は平方根でしか減らない。このため、体が小さくなると体重を支える翼のサイズはさらに小さくて済むのだ。一見似ているが異なっている。それが生物のおもしろさである。

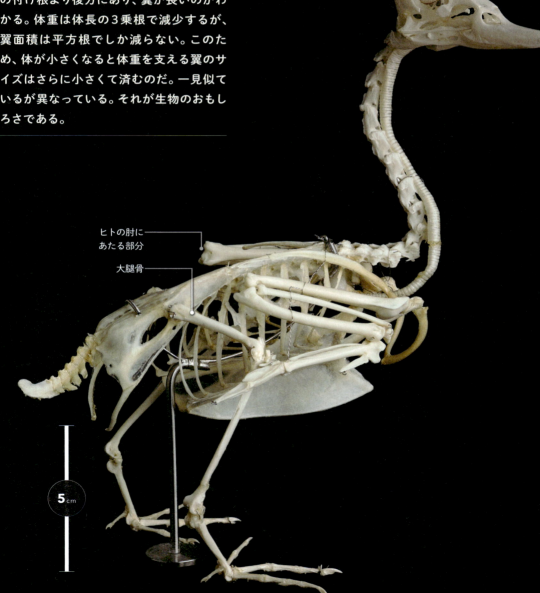

ヒトの肘にあたる部分

大腿骨

5cm

31

カモ目カモ科

Tufted Duck
キンクロハジロ
Aythya fuligula

金色で黒くて白い名が体を表す好例のカモ

次頁のスズガモとはちがい、塩類腺の圧痕は見あたらない

　オーストラリアにはカモノハシがいる。卵は産むわ、くちばしはカモだわと、とても鳥らしい特徴を持つ哺乳類だ。しかし彼らのくちばしは、カモのように全体が骨でできているわけではない。骨格があるのは左右のヘリだけで、先端や中央部は軟部組織でできている。このため頭蓋骨（とうがいこつ）はなんだかクワガタムシか悪役宇宙人のような雰囲気で、カモとは似ても似つかない。一方でカモノハシのくちばしは鋭敏な感覚器官となっており、視覚に頼らず食物を探索できるのはやはりカモのくちばしと同じである。カモノハシとは言い得て妙だ。

スズガモ
Greater Scaup
Aythya marila

カモ目カモ科

貝を好んで食べる。どんな硬い貝殻も筋胃の力で木っ端微塵だ

カモを淡水ガモと海ガモに分ける場合がある。たとえばスズガモは海ガモだ。特に分類学上の区別があるわけではなく、淡水域でよく見るか、海域でよく見るかという経験的な分け方だ。しかし、形態的にはこれぞ海ガモという刻印がある。スズガモの頭蓋骨の眼窩の上、まつ毛の生え際あたりに浅いくぼみが見られる。これは塩類腺の圧痕だ。塩類腺は海水から塩分を抽出し淡水を体に取り込む装置である。いわゆる海鳥に比べると圧痕は浅いが、カルガモなどの淡水ガモにない海に生きる証しなのだ。ちなみに外見の似たキンクロハジロにはこの圧痕はなかった。

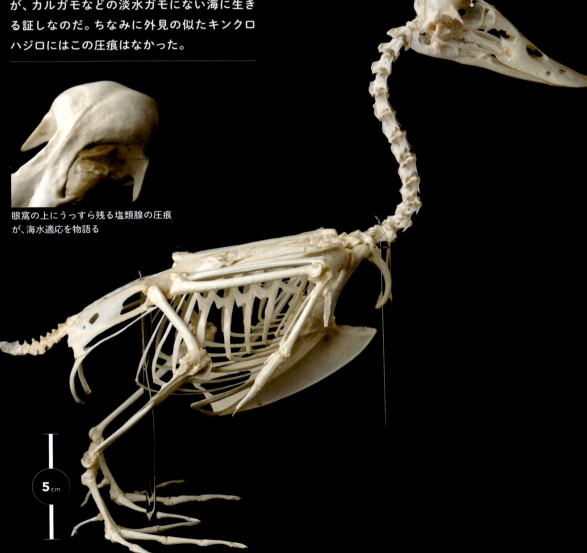

眼窩の上にうっすら残る塩類腺の圧痕が、海水適応を物語る

眼窩

5cm

33

カモ目カモ科

シノリガモ
Harlequin Duck
Histrionicus histrionicus

ミル・マスカラスを思いださせる特徴的な鳥。頬の白斑は雌にもある

骨盤

脛足根骨

足根中足骨

5cm

　いわゆる海ガモの代表の一つだ。海ガモは陸ガモより足が体の後方にあり、潜水しやすい体型になっている。そこで、脛足根骨（けいそっこんこつ）に対するする足根中足骨（そっこんちゅうそくこつ）の長さの割合を調べたところ、海ガモに比べて陸ガモでは5％ほど割合が高かった。つまり、海ガモはかかとの先が短くなっているため、足が後方に位置しやすいのだ。また、陸ガモの骨盤（こつばん）は後方に行くに従い上下に広がるが、海ガモの骨盤は比較的平板であまり広がらない。足を後方に向けることに対して骨格的な邪魔が少ないことも、体型の理由の1つだろう。

Velvet Scoter
ビロードキンクロ
Melanitta fusca

カモ目カモ科

和名のビロードは、英名のベルベットに由来する。漢字では天鵞絨と書く

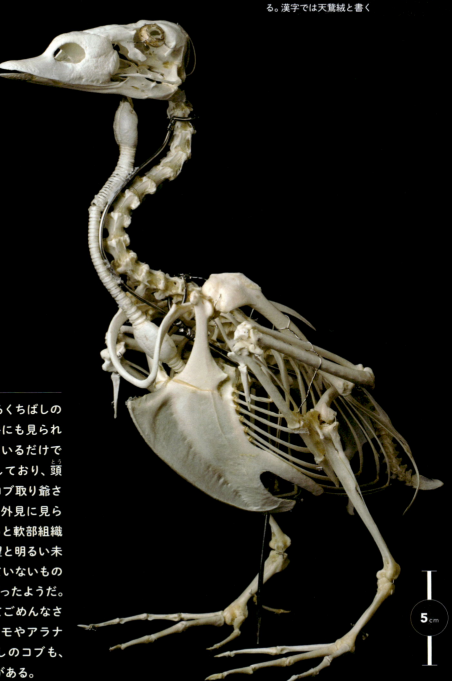

　外部形態で見られるくちばしのコブが、そのまま骨格にも見られる。単に上に突出しているだけではなく横にも張り出しており、頭蓋骨を上から見るとコブ取り爺さんっぽくなっている。外見に見られるコブの中身はきっと軟部組織で、せいぜい夢と希望と明るい未来ぐらいしか詰まっていないものと思っていたが、ちがったようだ。今まで見くびっていてごめんなさい。もちろん、クロガモやアラナミキンクロのくちばしのコブも、同様に骨格的な背景がある。

5cm

35

カモ目カモ科

Common Merganser
カワアイサ
Mergus merganser

細いくちばしの縁にはノコギリ状の突起が並び、スピノサウルスを彷彿とさせる

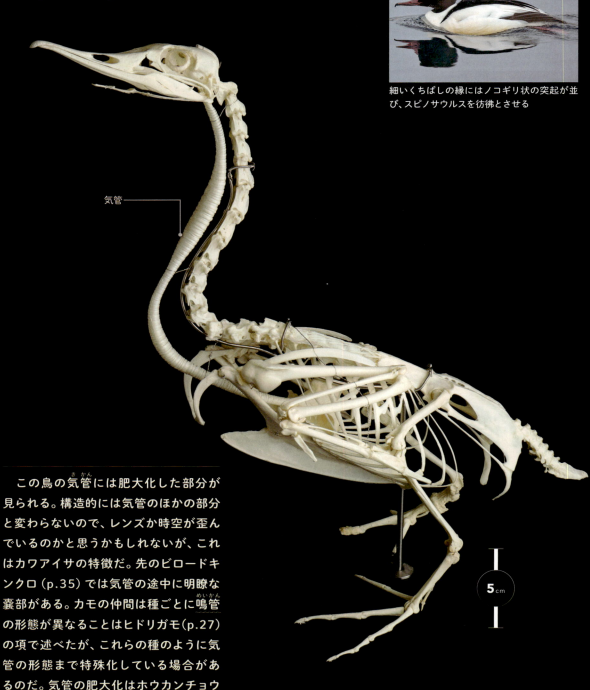

気管

　この鳥の気管には肥大化した部分が見られる。構造的には気管のほかの部分と変わらないので、レンズか時空が歪んでいるのかと思うかもしれないが、これはカワアイサの特徴だ。先のビロードキンクロ（p.35）では気管の途中に明瞭な嚢部がある。カモの仲間は種ごとに鳴管の形態が異なることはヒドリガモ（p.27）の項で述べたが、これらの種のように気管の形態まで特殊化している場合があるのだ。気管の肥大化はホウカンチョウなどでも見られるが、カモのほうがより多様化している。カモ類では雄のほうがより特殊化している傾向があるので、ぜひたくさん並べて見比べてみたい。

5cm

36

Little Grebe
カイツブリ
Tachybaptus ruficollis

巣も水上に作り滅多に陸に上がらない。温暖化に最も強い鳥

カイツブリ目カイツブリ科

　カイツブリ類は飛翔よりも潜水を得意としており、特に翼を使う羽ばたき潜水ではなく、専ら足こぎ潜水を行う。その点ではアビ類と同じ行動と言える。しかし、そのボディプランは大きく異なる。アビ類の胴体は前後に長いが、カイツブリの胴体は短い。前者は巨大原子力潜水艦型だが、後者はしんかい6500型といったところだ。短い胴体は直進安定性よりも機動性に寄与する。水底や岩陰などをのぞきながら小まわりを利かせて小動物を探すカイツブリの泳法は、この体型が支えているのだ。

カイツブリ目カイツブリ科

Great Crested Grebe
カンムリカイツブリ
Podiceps cristatus

ヒナの頭部は白黒ゼブラ柄で、目にすると若干ギョッとする

大腿骨

脛足根骨

　膝を見てほしい。脛足根骨が大腿部との関節を通り過ぎてトゲのように前に飛び出している。なんとも恐ろしい武器だ。ジャンピングダブルニーを決められたら、まちがいなく大きな風穴が空く。カイツブリ科の鳥は、この突起で小魚を串刺しにして捕食するのである。というのは、もちろん嘘である。彼らは足を推進力として潜水するため、太ももに大きな筋肉が必要だ。大きな筋肉を支えるには、骨格に大きな付着部が必要である。それがこの突起なのだ。このトゲを使い、テコの原理で力強く足こぎ潜水をするのである。

5cm

カンムリカイツブリ（下）とシロエリオオハム（上）の脛足根骨。膝の突起は武器にしか見えない

38

ハジロカイツブリ
Black-necked Grebe
Podiceps nigricollis

カイツブリ目カイツブリ科

夏羽になると、黒い頭に赤い目、金色の飾り羽で悪魔的な雰囲気をまとう

5cm

カイツブリ類は鳥には珍しい平爪を持つ。写真はアカエリカイツブリ

　鳥の足には爪がある。その爪は湾曲のちがいこそあれ、細長いとがった錐状(すいじょう)をしている。しかし、カイツブリ科はその予想をやすやすと裏切る。なんと彼らの足の爪は、人間のような平爪なのだ。泳ぐための適応とはいえ、おかしな形である。ただしその形態は骨を覆うケラチンの鞘(さや)でできており、骨の形は普通の鳥のように錐状だ。鳥の外部形態は、骨の形はそのままに軟部組織の修飾で容易に進化するのだ。・・・いや、よく見ると爪の骨の先が平たくなっているようだ。泳ぐための適応は、骨の形まで変えているのである。

39

Rock Dove
カワラバト
Columba livia

ハト目ハト科

日本では公園などで野生化している。昔はイベントでしばしば放鳥されていた

　ハトは鳩胸である。飛ぶ鳥はみな竜骨突起が発達しているが、ハトでは特に大きく張り出している。これは彼らが弱者であることと関係がありそうだ。多くのハトは開けた場所でぽっぽぽっぽと地上採食を行う。その姿は目立つため、タカ類やキツネなどの格好の餌食になる。食べられないための戦略は、捕食者に気づいたら一目散に飛んで逃げることだ。そのためには瞬発的な飛翔力を発揮する大きな胸肉が必要であり、その付着部として竜骨突起が発達しているのである。しかし、襲われる原因の1つは大きな胸肉が食物として魅力的だからかもしれない。胸肉が先か、襲われるのが先か、答えを出すのは難しそうだ。

竜骨突起

5cm

40

Japanese Wood Pigeon
カラスバト
Columba janthina

ハト目ハト科

島でのみ繁殖し、本土部では絶対に繁殖しないこだわりの強い鳥

5cm

　カラスバトをはじめ、ハト科の鳥は多くの種子食者を含む。一般に種子は硬い食物である。嘘だと思ったらクルミの丸かじりに挑戦し、無残にも敗北を喫するがよかろう。さて、そんな硬い種子を食べるにもかかわらず、ハトのくちばしは鼻孔(びこう)がくちばし全体に広がった軟弱そうな構造をしている。ハトは種子を口で砕かず、丸呑みにしてマッチョな筋胃(きんい)に送り込んで砕くため、頑丈なくちばしが不要なのだ。このくちばしは、弾力のある細い骨でできているため、繊細な動きが可能となる。小さな種子まで余さず食べるハトは、力よりも技の進化を選んだのだ。

41

ハト目ハト科

Oriental Turtle Dove
キジバト
Streptopelia orientalis

身近なハト。メーテルリンクの青い鳥は、キジバトの近縁種とも言われる

キジバトの胸骨。枝状の骨が周囲に張り出す姿はスイジガイのごとし

竜骨突起

5cm

　ハト科の胸骨(きょうこつ)を正面から見ると、横っちょから斜め後ろに向けて枝状の骨が伸びている。胸骨は飛翔のための筋肉を支える部位である。長距離を安定して飛ぶためには、筋肉を安定して支えられるよう胸骨は頑健であったほうがよいだろう。一方でこのような枝状の骨は、板バネのように作用して一時的に力強い羽ばたきを実現できるだろう。これはキジ科の胸骨と同じ構造だ。キジ科もハト科も美味で襲われやすく、緊急脱出装置を必要としている。同じ立場ゆえに、胸骨に似た構造が発達しているものと考えられる。

Emerald Dove
キンバト
Chalcophaps indica

どこが金色なのかはよくわからないが、金色じゃない金魚もいるのでよしとしたい

ハト目ハト科

5cm

　ハトの雌は、繁殖期になると大腿骨などの骨の中に海綿状の骨を生じる。雄ではこのような骨は見られないので、これは産卵に向けたカルシウムの蓄積のための構造だと考えられている。この性質はすべての鳥に見られるわけではないが、カモやキジなどでも知られている。鳥だけでなく、恐竜の化石にもこの方法が利用されており、ティラノサウルスの性別が判定された例もある。ただし、スズメ目などではこの骨は作られないため、産卵前に甲殻類を食べたりカタツムリの殻を食べたりしてカルシウム補給にいそしむのである。

ハト目ハト科

アオバト
Japanese Green Pigeon
Treron sieboldii

山から海に通い海水を飲むことで有名。ほぼ東アジアの固有種

上腕骨

5 cm

　ハトは立場が弱いので、骨格もビクビクと逃げる準備ばかりしていると書き連ねている。なんだかハトを蔑んでいるようで申し訳ないのだが、この性質に関係してもう1つ形態的な特徴がある。それは上腕骨だ。似たサイズの鳥に比べ、ハトの上腕骨は太くて短い傾向がある。すでに述べている通り、ハトはとにかく急いで逃げなくてはならず、そのためには強い羽ばたきを必要とする。羽ばたくときの負荷を最も強く受けるのは、翼の基部である上腕骨だ。ここが脆弱なら、鳩胸を形作る大きな胸筋の力でポキンと折れてしまう。弱さゆえの強さがここにある。

44

Black-throated Loon
オオハム
Gavia arctica

アビ目アビ科

夏羽はパタゴニアのセルクナム族を思い出させる美しい羽衣を持つ。写真は冬羽

アビ類は、カイツブリ類と並ぶ足こぎタイプの潜水適応の代表種だが、その設計思想は異なっている。カイツブリ類が小まわりのきくしんかい6500型なのに対し、こちらは潜水艦的流線型ロング体形となっているのだ。この体型は、ハーレー・ダヴィッドソンと同様に直進安定性の高い体形と言えるだろう。体幹部を葉巻型UFOのように抵抗の少ない形状にまとめ上げているのがよくわかる。そして、胸骨に端を発した肋骨は後方に向かって伸び、腹部全体を包み込むカゴ状の構造を作っている。高い水圧に耐え内臓を守り体形を維持する構造だ。

肋骨

5cm

アビ目アビ科

Pacific Loon
シロエリオオハム
Gavia pacifica

夏羽はダダ星人を思い出させる美しい羽衣を持つ

骨盤

5cm

足根中足骨

　足根中足骨は、まるで刃物のように薄く研ぎ澄まされている。まあ、刃物は言い過ぎかもしれないが、前後方向にとても薄くなっているのが見て取れる。これが足こぎ潜水への適応であることはまちがいない。水中での推進力の主役は足先の水かきである。これを支える足根中足骨は推進方向への抵抗を減らし黒子に徹している。そして、骨盤の幅の狭さもアビ類の特徴だ。これは足こぎ潜水の動力となる大腿部の筋肉量を増やし、かつ体形を流線形に保つ構造である。これらの構造は、カイツブリ類と共通の特徴である。

Humboldt Penguin
フンボルトペンギン
Spheniscus humboldti

ペンギン目ペンギン科

日本で最も多数飼育されているペンギン。南半球の温帯出身で寒さは苦手

フンボルトペンギン（左）の上腕骨は中空ではなく、分厚く硬い骨による重く頑健な構造を持つ。右はトビの上腕骨

　ペンギンは特殊すぎてどこに注目すればよいか迷子になりそうだが、今回は足根中足骨に注目したい。この骨は人間で言えば足の甲にあたり、一般的な鳥では複数の骨が癒合して細長くなっている。しかしペンギンでは癒合が浅く、骨の間にすき間まで空いている。多くの鳥はこの部位の腱をバネ的に使って運動する。しかし、羽ばたき潜水に特化したペンギンにとって、ここの伸長は水の抵抗の増やし、体温を奪われやすくするだけだ。細く長くするより、幅広で短くして、最小限のサイズで重い体重を支える方向に進化したのだろう。

足根中足骨

47

ミズナギドリ目アホウドリ科

Laysan Albatross
コアホウドリ
Phoebastria immutabilis

野生の鳥で最長寿命が記録されているのはコアホウドリのウィズダムだ

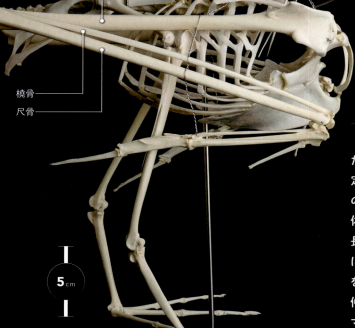

上腕骨
橈骨
尺骨

5cm

　翼は折り畳み傘のように三段階に折りたたまれる。その折りたたみサイズを決定する上腕骨(じょうわんこつ)と橈尺骨(とうしゃっこつ)の長さが、胴体部の長さに匹敵している。アホウドリ科の体幹は決して短くはないので、その翼の長さが体感できる骨格だ。翼長を伸ばすには2つの方法がある。翼を支える骨格を伸ばす方法と、翼の先の初列風切羽(しょれつかざきりう)を伸ばす方法だ。アホウドリ科は前者、アマツバメ(p.82)やハヤブサ(p.124)などは後者の戦略で翼長を稼ぐ。アホウドリ科の大きな体を支えるには、羽毛ではなく骨格で支えることが好ましい。風に乗り大洋を駆け巡るグライダーにふさわしい構造だ。

Northern Fulmar
フルマカモメ
Fulmarus glacialis

ミズナギドリ目ミズナギドリ科

イギリスにはこの鳥の名であるフルマーの愛称の戦闘機があった

眼窩

鳥の胴体は、癒合傾向の胸椎、肋骨、胸骨による堅牢なカゴ状構造に守られている。写真はフルマカモメ

5 cm

塩類線の圧痕

眼窩の上のくぼみは塩類腺の痕だ。おかげで高血圧にはなりません

　ミズナギドリ類の頭蓋骨を検分すると、眼窩の上の眉の辺りに、ゼリービーンズをはめたくなるようなくぼみが見つかる。これは塩類腺が収まっていた圧痕である。塩類腺は海水を飲んだときに過剰な塩分を体外に排出する器官だ。海鳥は水分を食物と海水から摂取する。動物の体液の塩分濃度は1％弱だが、海水は約3％と濃度が高い。このため海鳥では塩類腺が発達している。ミズナギドリ目だけでなく、アビ目やチドリ目、ペンギン目など、海水ユーザーの多くの種で塩類腺が発達しているので、ぜひ注目してみてほしい。

49

ミズナギドリ目ミズナギドリ科

Bonin Petrel
シロハラミズナギドリ
Pterodroma hypoleuca

ミズナギドリの多くは腹が白いが、それが何か？

上腕骨

脛足根骨

5cm

　ミズナギドリなんてみんな地味で白黒で似たようなものに見える。しかし、骨を見るとそれが誤解だとわかる。シロハラミズナギドリやオオミズナギドリは、基本形のミズナギドリである。これに対し、オナガミズナギドリ属では、上腕骨(じょうわんこつ)の断面が扁平に潰れた楕円をしている。ウミスズメ科やペンギン目などと同様に、羽ばたき潜水に適した形態だ。さらにこの属のハイイロミズナギドリやハシボソミズナギドリでは、アビ目やカイツブリ目のように脛足根骨(けいそっこん)の膝のところにトゲ状の突起があり、足こぎ潜水型の性質も具有している。それぞれに独特の形態を持っているのだ。

50

Streaked Shearwater
オオミズナギドリ
Calonectris leucomelas

ミズナギドリ目ミズナギドリ科

森林で繁殖し、木に登って飛び立つ海鳥として有名だが、木がなくても飛ぶときは飛ぶ

　長い翼を持ち高い飛行能力を発揮するわりに、胸骨(きょうこつ)が小ぶりである。これは彼らの飛行がグライディングを主としているためである。ミズナギドリ類の翼は腱(けん)がよく発達している。このため上腕骨(じょうわんこつ)を体側から離していくと、腱の引っ張りにより翼全体が自然に展開される構造となっている。オオミズナギドリは風に乗って1日に数百kmを軽々と飛びまわる。日常的な移動距離としては、ミズナギドリ目が鳥類の中でずば抜けて長い。もちろん羽ばたきも交えるが、飛行の大部分は海上に吹く風を利用した滑空(かっくう)だ。胸骨の小ささは、飛行効率の良さの証左である。

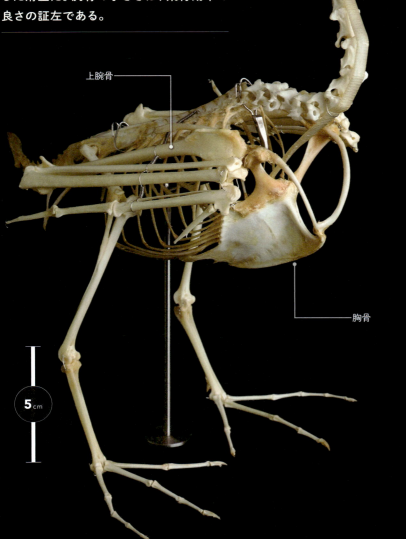

上腕骨

胸骨

5 cm

51

ミズナギドリ目ウミツバメ科

Fork-tailed Storm Petrel
ハイイロウミツバメ
Oceanodroma furcata

千島列島以北で繁殖する小型の海鳥。ウミツバメはミズナギドリに比べてよく羽ばたく

ミニチュア版ミズナギドリである。体が軽い分、各部が華奢に設計されており、骨の細さが目立つ。海に暮らす彼らは、プランクトンや小型の魚など表層にいる小動物を食べる。運がよければ少し大きめの食物にありつくこともあるだろう。そんなときは、口を大きく開けなくてはならない。ウミツバメ類に限らずミズナギドリ目の鳥は、くちばしの基部の頭蓋骨本体との接続部分が薄い板になっている。おかげでこの部分は可動域になり、くちばしを大きく開けられる。下顎骨は側面が薄いので、こちらもたわませれば口が広がる。大物もドンとこいだ。

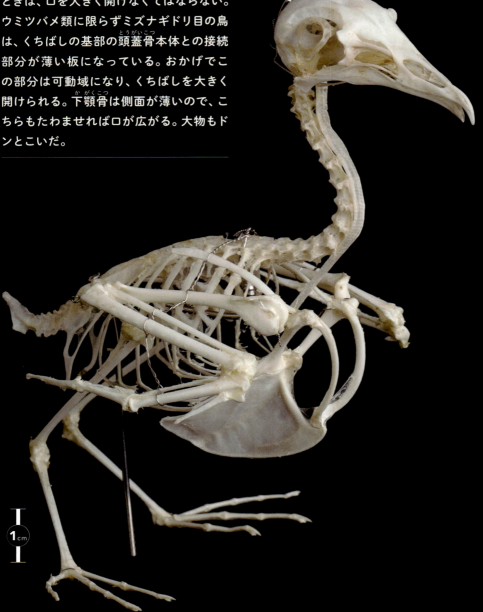

52

Brown Booby
カツオドリ
Sula leucogaster

英語名のブービーは「マヌケ」の意。余計なお世話である

注目は頭蓋骨である。まずくちばしにあるべき穴がない。そう、鼻孔がないのである。これはカワウ（p.54）やウミウ（p.55）とも共通の特徴だ。毎日毎日生魚を食べ続けられるのは、生臭さを感じないがゆえである。次にくちばしの基部を見ると溝があることに気づく。頭の本体とくちばしの間はこの溝に隔てられており、両者は薄い板状の骨でつながれている。この構造が関節のような役割をしており、カツオドリのくちばしは付け根の部分で下に曲げることができる。このおかげで、捕らえた大きなトビウオも落とさずしっかりと保持できるのだ。

溝がある

カツオドリ目カツオドリ科

5cm

カツオドリ目ウ科

Great Cormorant
カワウ
Phalacrocorax carbo

1年中繁殖が可能で、地域により繁殖期が異なる

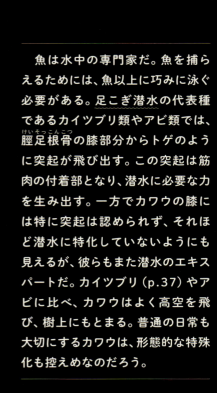

5cm

　魚は水中の専門家だ。魚を捕らえるためには、魚以上に巧みに泳ぐ必要がある。足こぎ潜水の代表種であるカイツブリ類やアビ類では、脛足根骨（けいそっこんこつ）の膝部分からトゲのように突起が飛び出す。この突起は筋肉の付着部となり、潜水に必要な力を生み出す。一方でカワウの膝には特に突起は認められず、それほど潜水に特化していないようにも見えるが、彼らもまた潜水のエキスパートだ。カイツブリ（p.37）やアビに比べ、カワウはよく高空を飛び、樹上にもとまる。普通の日常も大切にするカワウは、形態的な特殊化も控えめなのだろう。

ウミウ
Japanese Cormorant
Phalacrocorax capillatus

カツオドリ目ウ科

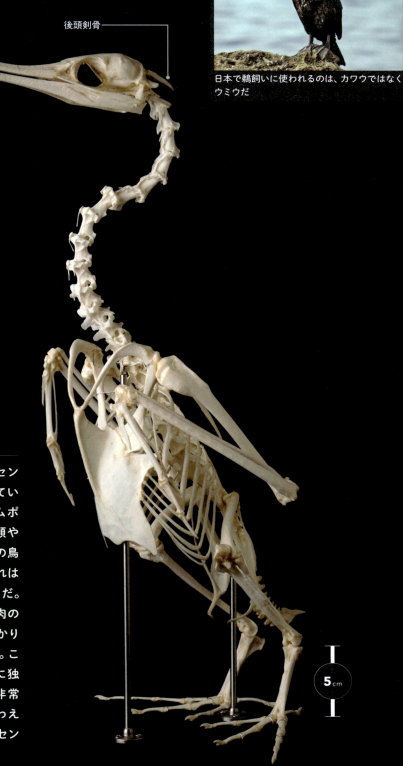

後頭剣骨

日本で鵜飼いに使われるのは、カワウではなくウミウだ

　頭の後ろに、鬼太郎の妖怪センサーのような骨の突起がついているのがちょっと可愛いチャームポイントである。この突起は、ウ類やヘビウ類では見られるが、ほかの鳥には見られないものである。これは後頭剣骨と呼ばれる特殊な骨だ。後頭剣骨は下顎骨に連なる筋肉の付着部となっており、口をしっかりと閉じるための力を発生させる。この筋肉は他の鳥にはないウ類に独特のものだ。彼らはしばしば非常識なまでに大きな魚を口にくわえる姿が見られるが、それは妖怪センサーの力なのだ。

5cm

ペリカン目ペリカン科

Great White Pelican
モモイロペリカン
Pelecanus onocrotalus

モモイロになるのは繁殖期だけで、英名はホワイトペリカン。時々沖縄に出没する

　生きているペリカンを見ると、ついつい下顎に目が行く。大きな口の下に袋状に広がる喉は確かに注目の的だ。この袋を支える下顎骨はよくしなる長い骨でできており、折れることなく左右にたわむことができる。しかしそれ以上に注目したいのは上顎の骨だ。喉袋の蓋の役割をする上くちばしの骨は、笹かまぼことコウイカの甲を足して二で割ったような形をしている。しかしよく見ると、この骨には小さな穴がたくさんあり、内部はカルメ焼き構造で軽量化が図られている。そして私は、これを見るとなぜかハイハインを食べたくなるのだ。

下顎骨

ペリカンのくちばしは多孔質で軽量化されている

Eurasian Bittern
サンカノゴイ
Botaurus stellaris

ペリカン目サギ科

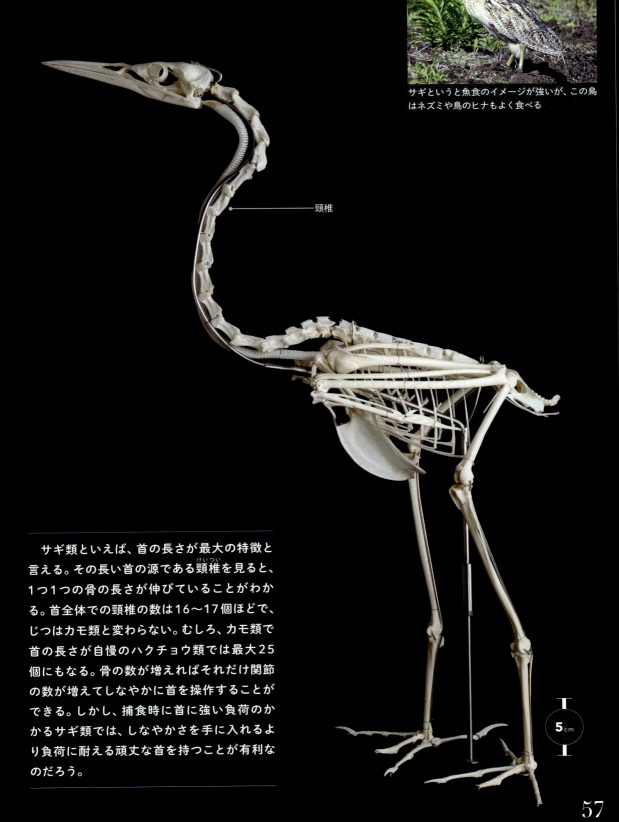

サギというと魚食のイメージが強いが、この鳥はネズミや鳥のヒナもよく食べる

頸椎

サギ類といえば、首の長さが最大の特徴と言える。その長い首の源である頸椎を見ると、1つ1つの骨の長さが伸びていることがわかる。首全体での頸椎の数は16〜17個ほどで、じつはカモ類と変わらない。むしろ、カモ類で首の長さが自慢のハクチョウ類では最大25個にもなる。骨の数が増えればそれだけ関節の数が増えてしなやかに首を操作することができる。しかし、捕食時に首に強い負荷のかかるサギ類では、しなやかさを手に入れるより負荷に耐える頑丈な首を持つことが有利なのだろう。

5cm

57

ペリカン目サギ科

ヨシゴイ
Yellow Bittern
Ixobrychus sinensis

こちらを正面に見据えて擬態する。このため擬態中は正面顔しか見られない

鼻孔

5cm

　ヨシゴイもオオヨシゴイも若干サイズがちがうだけで似たようなものとタカをくくっていたが、こうして骨にして見るとくちばしの様子がまったく異なっている。ヨシゴイのくちばしは、オオヨシゴイに比べてもほかのサギ類に比べても、明らかに細くて華奢（きゃしゃ）な構造を持っている。ヨシゴイとオオヨシゴイは体サイズは数センチしかちがわないが、ヨシゴイは魚よりも水生昆虫を好んで食べる傾向があるため、力強い太いくちばしではなく、細く繊細なくちばしを進化させたのだろう。オオヨシゴイに比べても鼻孔（びこう）が前後に長いことから、比較的くちばしを器用に動かすことができるのかもしれない。

58

Von Schrenck's Bittern
オオヨシゴイ
Ixobrychus eurhythmus

ペリカン目サギ科

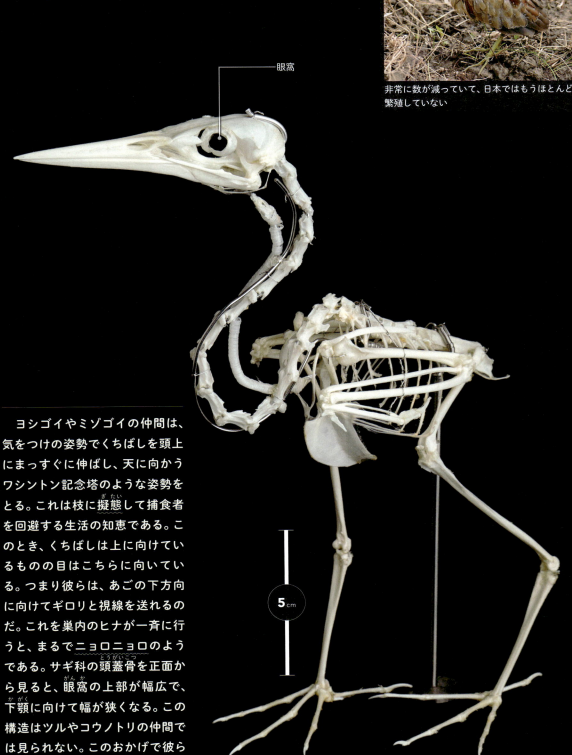

非常に数が減っていて、日本ではもうほとんど繁殖していない

眼窩

　ヨシゴイやミゾゴイの仲間は、気をつけの姿勢でくちばしを頭上にまっすぐに伸ばし、天に向かうワシントン記念塔のような姿勢をとる。これは枝に擬態して捕食者を回避する生活の知恵である。このとき、くちばしは上に向けているものの目はこちらに向いている。つまり彼らは、あごの下方向に向けてギロリと視線を送れるのだ。これを巣内のヒナが一斉に行うと、まるでニョロニョロのようである。サギ科の頭蓋骨を正面から見ると、眼窩の上部が幅広で、下顎に向けて幅が狭くなる。この構造はツルやコウノトリの仲間では見られない。このおかげで彼らはニョロニョロ化できるのだ。

5cm

59

ペリカン目サギ科

ゴイサギ
Black-crowned Night Heron
Nycticorax nycticorax

醍醐天皇から正五位をいただいたえらい鳥

眼窩

5 cm

　ゴイサギは英名をナイト・ヘロンという。騎士のサギではなく、夜のサギである。この鳥は繁殖期には昼にも活動的に採食をしており、水田や河川で見かけることも多い。しかし、非繁殖期には基本的に夜行性で、夜間にドジョウやカエルなどを食べている。夜にそんな姿を見たことはないという人もいるかもしれないが、それは貴方がテレビを見たりお風呂に入ったりしていて水田に行かない時間だからだ。なにしろこの鳥は光の少ない夜間でも活動できるよう、頭蓋骨（とうがいこつ）に占める眼窩（がんか）のサイズが昼行性のサギよりも大きい。この鳥の頭が大きく見えるのは、そのせいである。

60

Striated Heron
ササゴイ
Butorides striata

ペリカン目サギ科

睨みを効かせた両眼視。見据えた獲物は逃さない

熊本県の水前寺公園は、ササゴイが餌釣りをすることで有名

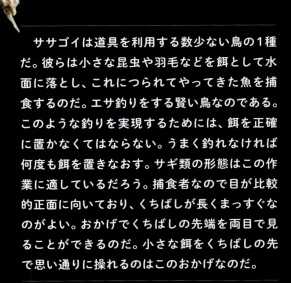

ササゴイは道具を利用する数少ない鳥の1種だ。彼らは小さな昆虫や羽毛などを餌として水面に落とし、これにつられてやってきた魚を捕食するのだ。エサ釣りをする賢い鳥なのである。このような釣りを実現するためには、餌を正確に置かなくてはならない。うまく釣れなければ何度も餌を置きなおす。サギ類の形態はこの作業に適しているだろう。捕食者なので目が比較的正面に向いており、くちばしが長くまっすぐなのがよい。おかげでくちばしの先端を両目で見ることができるのだ。小さな餌をくちばしの先で思い通りに操れるのはこのおかげなのだ。

アオサギ
Grey Heron
Ardea cinerea

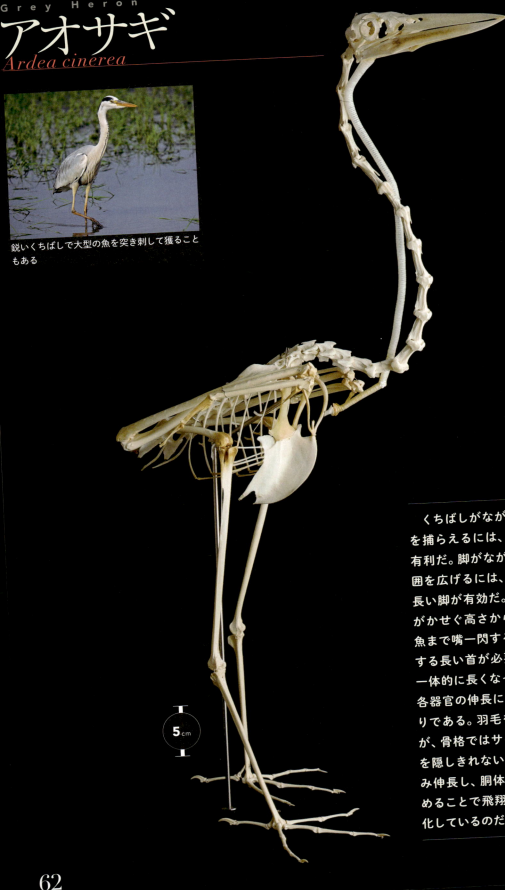

鋭いくちばしで大型の魚を突き刺して獲ることもある

5 cm

　くちばしがなが〔い〕を捕らえるには、〔〕有利だ。脚がなが〔い〕囲を広げるには、〔〕長い脚が有効だ。〔〕がかせぐ高さか〔ら〕魚まで嘴一閃す〔る〕する長い首が必〔要〕一体的に長くな〔り〕各器官の伸長に〔〕りである。羽毛を〔〕が、骨格ではサ〔〕を隠しきれない〔〕み伸長し、胴体〔〕めることで飛翔〔〕化しているのだ〔〕

62

Purple Heron
ムラサキサギ
Ardea purpurea

ペリカン目サギ科

国内では沖縄の先島諸島でしか繁殖していない

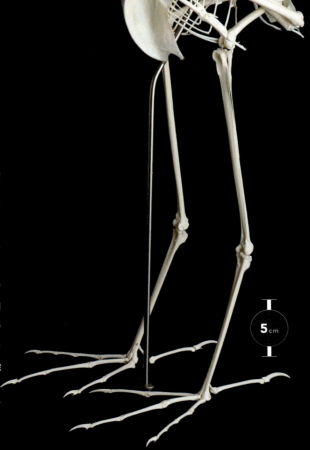

短めの頸椎

5cm

　ムラサキサギは、サギ類でも特に首が長い種だ。その長い首の頸椎(けいつい)はそれぞれが長く、250ccのファンタのような縦横比を持っている。だが、すべての頸椎が遍(あまね)く長いのかというと、そういうわけではない。頸(くび)を上から順に見ていくと、3分の1あたりに短めの頸椎が含まれていることに気づく。ここは首を曲げるときに、少しばかり強く湾曲させる部分だ。羽毛の生えている姿を見ると、首を曲げたときに不自然に角度が変わる部分がある。こうして強いカーブを作ることで、鋭く首を繰り出すことができるのである。

63

ダイサギ
Great Egret
Ardea alba

ペリカン目サギ科

白鷺三兄弟の長男。国内で繁殖するのは亜種チュウダイサギ

5cm

　サギ類のくちばしの骨は、生きているときのイメージと非常に似ている。これは、彼らのくちばしが全鼻孔型（ぜんびこう）であるためだ。同じく水辺を得意とするツルやチドリの仲間は分鼻孔型（ぶんびこう）で、鼻孔がくちばしの先端近くまで広がるので、骨にするとイメージが大きく変わる。サギ類は外見上の鼻孔と骨格上の鼻孔のサイズが近いため、違和感がないのだ。サギ類は速度にものを言わせて出会い頭に獲物をとる小細工なしのスピードスターである。そんな彼らには、繊細さよりも頑丈さを優先したこのくちばしが似合っている。

Intermediate Egret
チュウサギ
Egretta intermedia

ペリカン目サギ科

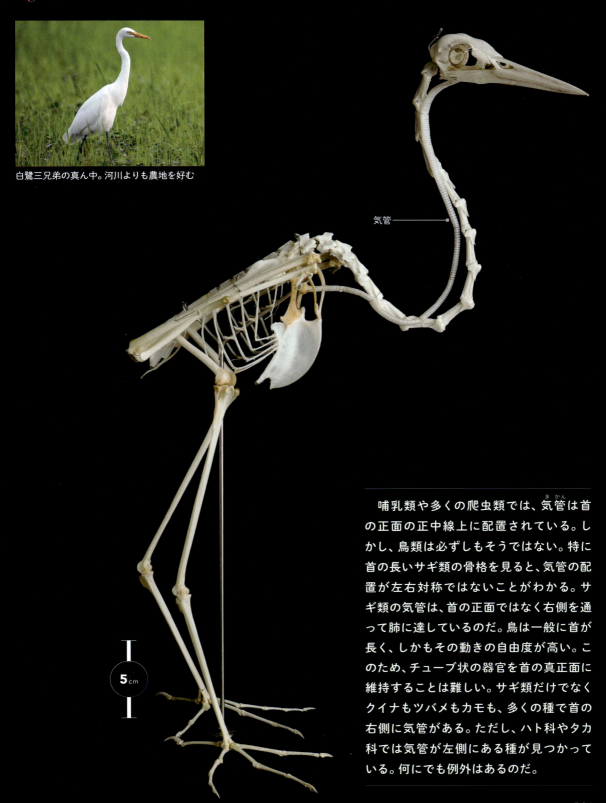

白鷺三兄弟の真ん中。河川よりも農地を好む

気管

5cm

哺乳類や多くの爬虫類では、気管は首の正面の正中線上に配置されている。しかし、鳥類は必ずしもそうではない。特に首の長いサギ類の骨格を見ると、気管の配置が左右対称ではないことがわかる。サギ類の気管は、首の正面ではなく右側を通って肺に達しているのだ。鳥は一般に首が長く、しかもその動きの自由度が高い。このため、チューブ状の器官を首の真正面に維持することは難しい。サギ類だけでなくクイナもツバメもカモも、多くの種で首の右側に気管がある。ただし、ハト科やタカ科では気管が左側にある種が見つかっている。何にでも例外はあるのだ。

65

Little Egret
コサギ
Egretta garzetta

ペリカン目サギ科

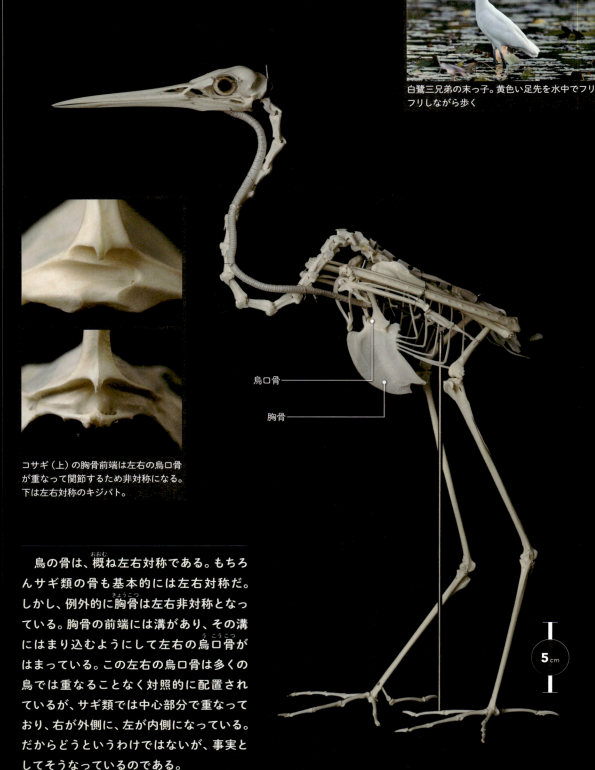

白鷺三兄弟の末っ子。黄色い足先を水中でフリフリしながら歩く

コサギ（上）の胸骨前端は左右の烏口骨が重なって関節するため非対称になる。下は左右対称のキジバト。

烏口骨

胸骨

5cm

　鳥の骨は、概ね左右対称である。もちろんサギ類の骨も基本的には左右対称だ。しかし、例外的に胸骨は左右非対称となっている。胸骨の前端には溝があり、その溝にはまり込むようにして左右の烏口骨がはまっている。この左右の烏口骨は多くの鳥では重なることなく対照的に配置されているが、サギ類では中心部分で重なっており、右が外側に、左が内側になっている。だからどうというわけではないが、事実としてそうなっているのである。

66

骨太コラム「みんなちがって」

　骨の標本の役割の1つは種の判別だ。不明種と標本を比べ、類似した種を探す。野鳥を図鑑で同定するのと同じだ。

　同じだが、そこには落とし穴がある。

　鳥は視覚の動物だ。このため、外見には種間差が顕著だ。しかし、彼らとて骨まで見通せはしないため、骨格の種間差は小さい。ホンダのモンキーとゴリラみたいなものだ。

　時には、平均サイズに種間差があっても、種内での個体差のほうが大きい場合もある。たとえば、大きなコサギは小さなチュウサギよりも大きい。こういう場合は要注意だ。平均的なコサギとチュウサギの骨しか所蔵していなければ、大きなコサギの骨をチュウサギだと誤同定してしまうかもしれない。

　1個体の骨が持つ情報は限られている。同種でも多数の標本を収集するのは、単なる趣味ではないのだ。

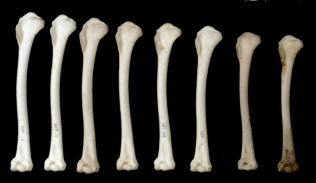
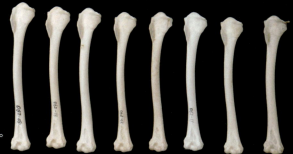

コサギとチュウサギの上腕骨。ついでにアマサギも混ぜてみた。どれがどの種かわかるかい？

ペリカン目ハシビロコウ科

Shoebill
ハシビロコウ
Balaeniceps rex

表の顔とは裏腹に、ハイギョなど大魚を狩る獰猛な裏の顔を持つ

第三趾

5 cm

　びっくりするくらい外見の通りの骨格で、何の驚きもない。羽毛と筋肉をとったらこういう形をしているんじゃないかな、という予想の通りの骨格だ。くちばしのエッジは上下ともに鋭利な角度を呈しており、上下をかみ合わせることで強力な固定力を発揮する。しかし、くちばしの内部は空洞で軽いので、肩こりの心配はない。なお、趾はみな長く、特に第三趾は18cmにも達する。長時間微動だにせず立ったまま静止していられるのは、この広い足裏が生み出す安定感のゆえである。

68

White-naped Crane
マナヅル
Grus vipio

ツル目ツル科

鼻孔

ツルの中では味がよく、江戸時代までは、しばしば食用とされていたという

アオサギの頭蓋骨。鼻孔の大きさに注目！

　ツルもサギも、足と首とくちばしが長く、似たような形をしているなぁとお考えのあなた。もう一度、見直してみてほしい。よく見比べると大きなちがいに気づくはずだ。そう、サギ科はくちばしに空いた鼻孔（びこう）が小さい全鼻孔型だが、ツルは広い鼻孔を持つ分鼻孔型なのだ。これは骨格にしないとわからない特徴である。鼻の穴が小さければ、くちばしは堅牢になる。鼻の穴が大きければ、くちばしは柔軟で繊細な動きが可能となる。水辺で大きな魚を狙うサギとはちがい、ツルは地上で昆虫や果実など小さなものを器用に食べる。食物のちがいが形態に反映されているのだ。

ツル目ツル科

Red-crowned Crane
タンチョウ
Grus japonensis

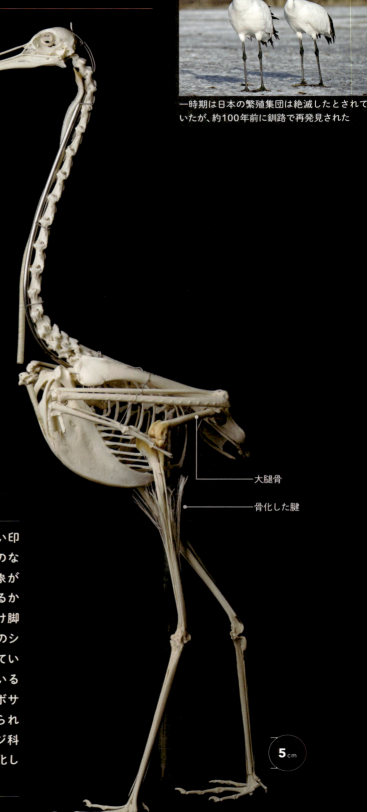

一時期は日本の繁殖集団は絶滅したとされていたが、約100年前に釧路で再発見された

大腿骨

骨化した腱

5 cm

　日本で見られる野鳥で最も脚が長い印象があるのはツルの仲間だ。特に草のない雪原を歩くタンチョウではその印象が強い。その脚の長さをどこで稼いでいるかは、骨格を見るとよくわかる。あれだけ脚が長いにもかかわらず、大腿骨は胴体のシルエットの内側にこぢんまりと収まっている。彼らの脚長は膝から下で稼いでいるのだ。その脛足根骨の周辺には、ボサボサと傷んだ歯ブラシのような構造が見られる。これは骨化した腱だ。ツル科やキジ科など、よく歩きまわる種では、腱が骨化している個体がしばしば見られる。

Demoiselle Crane
アネハヅル
Anthropoides virgo

ツル目ツル科

ヒマラヤを超えるツルとして有名で、標高8,000mを飛ぶこともある

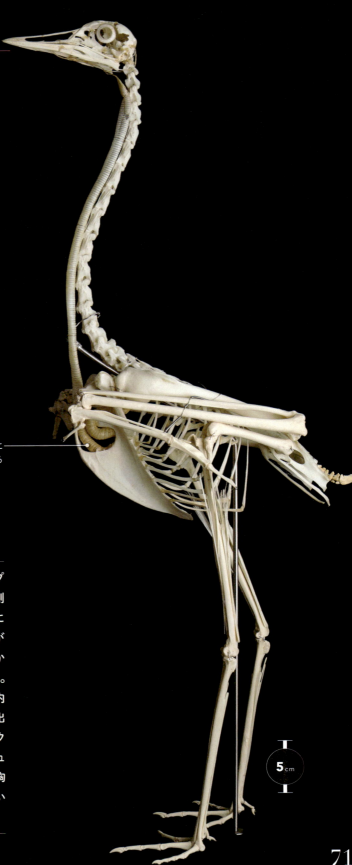

気管が胸骨の内部に入り込んでいる

　気管は口と肺をつなぐ吸気・排気パイプである。ザクの動力パイプは口の左右両側にあるが、鳥の気管は喉から下に一直線に向かい、肺の手前で二叉に分かれるのが常套だ。しかし、ツルの場合は二叉に分かれる前に胸骨の内部に入り込んでいる。空洞化した竜骨突起の内側に入り込み、内部で渦を巻きその後に胴体内に向けて出てきているのだ。アネハヅルは「カランクルン」と聞こえる大きな声で鳴いてコミュニケーションをとる。長く伸びた気管が胸骨に振動を伝え、胴体を共鳴器官としているのだ。

5cm

71

ツル目クイナ科

オオクイナ
Slaty-legged Crake
Rallina eurizonoides

沖縄で夜に「プープー」と鳴く声が聞こえたらこの鳥だ

幅の狭いクイナの胸骨。胸筋の付着部を稼ぐため竜骨突起は高い

胸骨

横から見るとよくわからないが、クイナ科の鳥の胸骨はとても横幅が狭い。彼らの姿を横から見るとチョコボールのキョロちゃんのように見えるが、正面から見ると非常にスリムでびっくりするのは、この胸骨のせいである。その中でも、オオクイナの胸骨は特に幅が狭く、また胸骨の両側に後方に伸びた枝状の柱が長いため、正面から見ると若干T2ファージっぽく見える。そうでなければフィリップ・スタルク氏がデザインしたレモンスクイーザーだ。

72

Okinawa Rail
ヤンバルクイナ
Gallirallus okinawae

ツル目クイナ科

沖縄島の北部のみに生息し、1981年に新種記載された

竜骨突起

　鳥の飛翔筋は胸骨に屹立する竜骨突起に支えられている。このため飛翔筋が大きければ竜骨突起も大きくなる。逆に飛ばない鳥では突起が縮小する。クイナ類は世界中の島に進出し、各所で無飛翔化が生じている。ヤンバルクイナはそのうちの1種だ。飛ばなければ、大きな胸筋を備えることはコストにしかならない。筋肉も骨格も縮小すれば、そのためのエネルギーを繁殖などほかの目的にまわすことが可能となる。ヤンバルクイナは、このような進化を目の当たりにできる国内唯一の教科書なのだ。

ツル目クイナ科

Water Rail
クイナ
Rallus aquaticus

非常にシャイで、水辺の高茎草本の群落からなかなか出てこない

　鳥の趾には爪がある。クイナ科の鳥の爪はあまり湾曲せず、比較的まっすぐである。これはサギ科やカモ目、チドリ目などでも同じで、地上生活をこよなく愛する特徴だ。一方で、樹上性のスズメ目などでは爪の湾曲が強く、樹幹に垂直に止まるキツツキ目では、はね出し胡瓜のごとく殊更に曲がっている。タカ目、フクロウ目などでは樹上性というだけでなく、獲物をしっかりつかむために爪が半月刀のごとく弧を描く。鳥の日常の中で、外部と直接的に接触する部位はくちばしと足先ぐらいしかない。こういう部位は、生活に合わせて適応的に進化しやすいのだ。

74

シロハラクイナ
White-breasted Waterhen
Amaurornis phoenicurus

ツル目クイナ科

国内では沖縄でしか見られないが、沖縄に行くと見飽きるほどいる

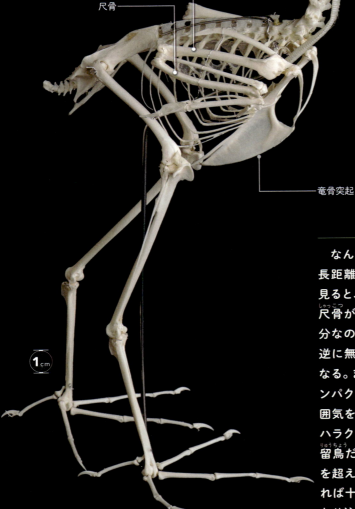

上腕骨
尺骨
竜骨突起

1cm

　なんだかんだ言っても、クイナの仲間は長距離飛翔にむかない形態を持つ。翼を見ると、上腕骨に比べて肘から手首までの尺骨が短い。尺骨は風切羽が付着する部分なので、飛翔性の強い鳥では長くなる。逆に無飛翔性の鳥ほど尺骨から先が短くなる。また、胸骨の竜骨突起も体の割にコンパクトで、隙あらば無飛翔化しそうな雰囲気を醸し出している。実際、沖縄のシロハラクイナはろくに飛ばず歩いてばかりの留鳥だ。しかし、この鳥は時に1,000kmを超えた場所に分散することもある。頑張れば十分に飛べるのだ。もしかしたら歩いたり泳いだりしてるかもしれないけどね。

Common Moorhen
バン
Gallinula chloropus

ツル目クイナ科

泳ぎながらお尻を上下に振って白斑を見せて誘惑してくる

骨格にすると、羽毛や筋肉など外見的なサイズを稼いでいた軟部組織がなくなるため、上半身のボリュームが貧弱になる。一方で膝から下にはもともとあまり筋肉や羽毛がついていないため、サイズ感が変わらない。その結果、バンの足の接地面の広がり具合が強調される。バンは湿地や泥の上など、足場の悪い場所を悠々と歩く。それを支えるのが、この体重を分散させる広い足裏である。ところで、人間なら上半身はTシャツを着ている範囲で特定できるが、鳥の場合はどこで区切るべきか。なんとなく、膝から上は上半身ということでどうだろう。

Eurasian Coot
オオバン
Fulica atra

ツル目クイナ科

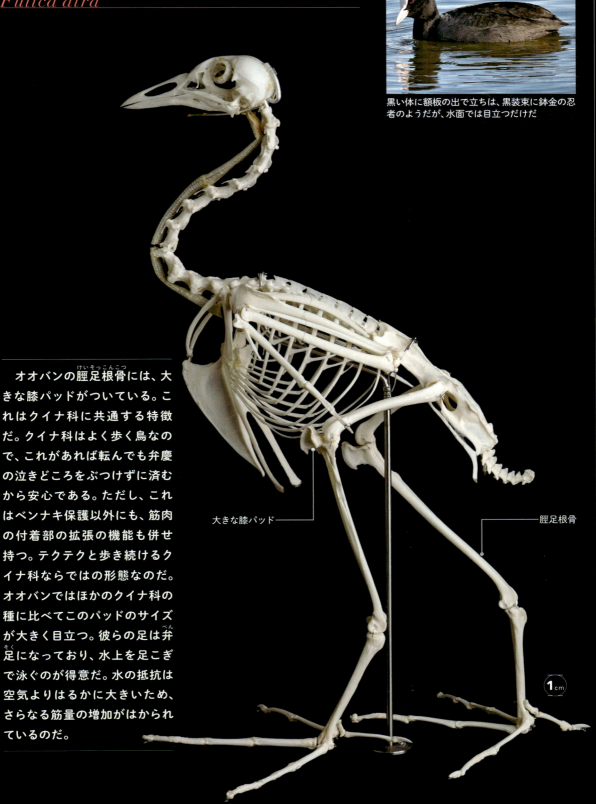

黒い体に額板の出で立ちは、黒装束に鉢金の忍者のようだが、水面では目立つだけだ

　オオバンの脛足根骨には、大きな膝パッドがついている。これはクイナ科に共通する特徴だ。クイナ科はよく歩く鳥なので、これがあれば転んでも弁慶の泣きどころをぶつけずに済むから安心である。ただし、これはベンナキ保護以外にも、筋肉の付着部の拡張の機能も併せ持つ。テクテクと歩き続けるクイナ科ならではの形態なのだ。オオバンではほかのクイナ科の種に比べてこのパッドのサイズが大きく目立つ。彼らの足は弁足になっており、水上を足こぎで泳ぐのが得意だ。水の抵抗は空気よりはるかに大きいため、さらなる筋量の増加がはかられているのだ。

大きな膝パッド

脛足根骨

77

Great Bustard
ノガン
Otis tarda

ノガン目ノガン科

有毒のツチハンミョウを食べて消化管内の寄生虫を駆除する意識高い系

　ノガン科は飛べる鳥の中で最も重いグループで、ノガン自体も重い個体は18kgにもなる。軽めのマウンテンバイク2台分が空を飛ぶのだから、骨格ががっしりしているのも納得だ。しかし、不自然に足先が小さいのが気になる。体重が重すぎて細長い趾では支えられず、太く短い趾を選んだのかもしれない。以前は、骨格の特徴からツルの近縁とされ、ツルは湿性地にノガンは乾燥地に適応した種と考えられていた。しかし、最近ではDNA分析からカッコウ目に近いとされている。そうは言われても、カッコウと似ているかと言われると似ていない。まぁしょうがないですよね。

5cm

Oriental Cuckoo
ツツドリ
Cuculus optatus

カッコウ目カッコウ科

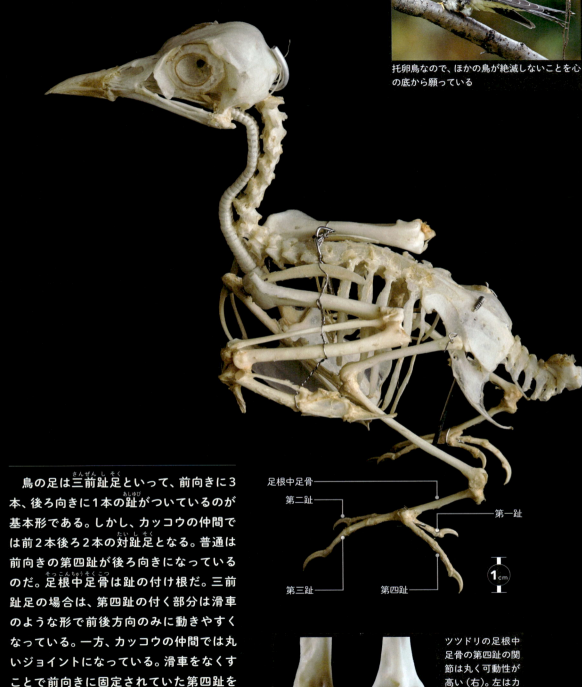

托卵鳥なので、ほかの鳥が絶滅しないことを心の底から願っている

足根中足骨
第二趾
第一趾
第三趾
第四趾

1cm

ツツドリの足根中足骨の第四趾の関節は丸く可動性が高い（右）。左はカケス

　鳥の足は三前趾足といって、前向きに3本、後ろ向きに1本の趾がついているのが基本形である。しかし、カッコウの仲間では前2本後ろ2本の対趾足となる。普通は前向きの第四趾が後ろ向きになっているのだ。足根中足骨は趾の付け根だ。三前趾足の場合は、第四趾の付く部分は滑車のような形で前後方向のみに動きやすくなっている。一方、カッコウの仲間では丸いジョイントになっている。滑車をなくすことで前向きに固定されていた第四趾を後ろに向けられたのだろう。なお、対趾足はキツツキやインコの仲間でも採用されている。

79

カッコウ目カッコウ科

カッコウ
Common Cuckoo
Cuculus canorus

托卵するのは、自らの体温の変動が大きく抱卵効率が悪いためとも言われる

　胸骨（きょうこつ）にはさまざまな突起があり複雑な構造をしているので、グループによってそれぞれに特徴がある。カッコウの胸骨を正面から見ると、三味線のバチのように末広がりで運気が上がりそうな形をしている。ヨタカやアマツバメ（p.82）などでも類似した末広形をしており、なんだか系統的に近そうに見える。分類上もこれらの仲間はしばしば近くに配置されており、その思いが強くなる。しかし、DNA分析によると、彼らの系統はそれほど近くない。カッコウとヨタカの行動にどのような共通点があり、こうなったのだろう。

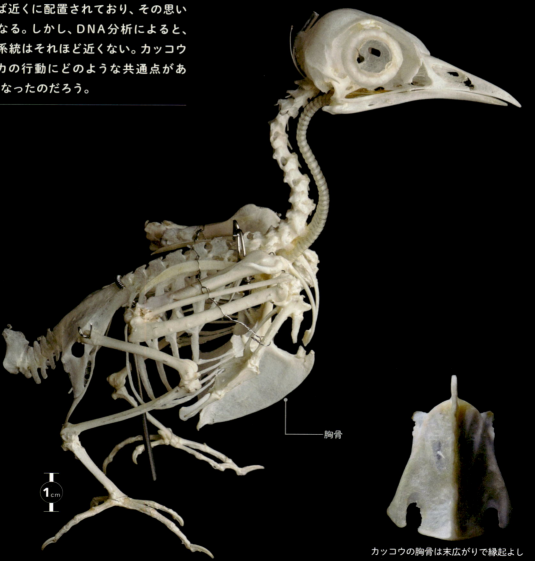

胸骨

カッコウの胸骨は末広がりで縁起よし

80

Jungle Nightjar
ヨタカ
Caprimulgus indicus

タカに「市蔵」と改名せよと迫られ、紆余曲折あって星になる

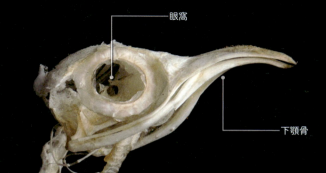

眼窩

下顎骨

ヨタカ目ヨタカ科

　大きな口に大きな眼窩。夜行性で飛翔昆虫を食べる行動が、そのまま骨格の形態に反映されている。休息時のヨタカは外見上はおちょぼ口である。しかし、この湾曲した下顎骨がガバッと下に下がると、口裂け女をも飲み込んでしまいそうな虚空が広がる。そんな口の上には、暗い中でも飛翔昆虫を発見できる大きな目がある。頭蓋骨のスペースの8割が眼窩に占められ、4割が口である。これでは脳の入る場所はマイナス2割しかなく、圧倒的に不足している。それでも脳のスペースを確保するため、頭でっかちになる。目と頭が大きくて可愛く見えるのは、こうした事情によるのだ。

81

アマツバメ目アマツバメ科

Pacific Swift
アマツバメ
Apus pacificus

飛びながら食べ、飛びながら寝る。学名のApusは「足なし」の意味

アマツバメの上腕骨（左）とアズマモグラの上腕骨（右）

　上腕骨のように長細い骨を管骨と呼ぶが、この骨にはふさわしくない。モグラの上腕骨のように骨端と骨端があるだけで、間を結ぶ管がないのだもの。北海道の隣に沖縄があるようなものだ。本州はどこに行った？　高速で飛びまわる空のスペシャリストは、胸筋で発生する筋力を小気味よく翼に伝える必要がある。風切羽が付くのは肘から先で、上腕には付かない。そんなところは省略して翼の操作性を高めているのだ。なお、短い骨を見ると「みじかっ！」と呟きたくなるが、「短っ！」と書くとちょっと違和感があり「短かっ！」と仮名を送りたくなるのは私だけだろうか。

上腕骨

アズマモグラの全身骨格標本

82

Black-tailed Trainbearer
ミドリフタオハチドリ
Lesbia victoriae

アマツバメ目ハチドリ科

ハチドリ類は夜間に体温を20度以下に下げ代謝を落とすことができる

竜骨突起

1cm

　最小の鳥の称号を恣(ほしいまま)にするハチドリ類。小さい鳥は大きな鳥に比べて重力の影響が少なく、省力飛行が可能かと想像してしまう。しかし、ハチドリは茨(いばら)の道を選んだ。それは毎秒50回を超える超高速羽ばたきによるホバリング飛行だ。おかげでハチドリは鳥類で唯一、後退飛行を可能にした。また、一般に羽ばたきは翼を下ろすときのみ推進力を得るが、ハチドリは持ち上げ時にも推進力を得る。この驚異の飛行術には体に比して大きな飛翔筋が必要だ。体の前方に突出するアンバランスに大きな竜骨突起(りゅうこつとっき)は、飛翔筋の付着部だ。これは超絶技巧の代償なのである。

チドリ目チドリ科

タゲリ
Northern Lapwing
Vanellus vanellus

眼窩

「ミャーミャー」とネコのように鳴く声が可愛い農耕地の貴公子

シギ科とチドリ科は似たような環境でよく見られるため、まとめて"シギチ"と呼ばれる。このため系統的に近接していると思えるかもしれないが、シギ科はチドリ科よりもカモメ科に近いと考えられている。シギ科とチドリ科は確かに行動が似ているが、骨格的にはそれなりにちがいがある。ヤマシギ（p.86）の項で後述するが、シギ科はくちばしの先端に多くの神経孔を持つがチドリ科では少ない。チドリ科ではしばしば眼窩の上部が眉が飛び出すかのように張り出してひさし状になるが、シギ科にはそれが見られない。まったくの他人ではないが、兄弟でもない。従姉妹ぐらいの関係である。

Pacific Golden Plover
ムナグロ
Pluvialis fulva

チドリ目チドリ科

夏羽では顔から腹まで真っ黒になり、羽根突きの敗者のようだ

　チドリ科もシギ科も干潟や水田などで一緒になって採食する地味な鳥たちだ。しかし、チドリ科のほうがくちばしの多様性が低いことと、チドリ科では足の第一趾が消失していることは大きなちがいだ。後ろ向きの第一趾は、もともと樹上で枝をつかむために進化したと考えられている。この点では、地上性のチドリでこれが消失するのは妥当にも思える。しかし、クイナ科、サギ科などは第一趾を維持している。これは接地面積を増やしてぬかるみで安定性を高める効果がある。チドリ科は彼らに比べて体が軽いため、軟弱な地面でも足が沈みにくいのだと考えられる。

85

チドリ目シギ科

ヤマシギ
Eurasian Woodcock
Scolopax rusticola

眼窩

フランスではベカスと呼ばれ、高級ジビエとしてくちばしごと皿に乗せられる

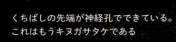

くちばしの先端が神経孔でできている。これはもうキヌガサタケである

　くちばしの先端には、上顎と下顎ともに多数の小さな穴があいている。穴があいているというよりは、ハチの巣のハニカム構造のように、穴が隣り合うことで平面を形作っていると言ってもよいだろう。この穴は三叉神経の存在を示す神経孔である。カモとシギのくちばしは神経孔の密度が高いことが知られているが、ヤマシギはその中でも抜群に高密度である。この鳥は暗い林内で昼も夜も採食を行う。しかも食物は土の下にいる土壌動物だ。触覚だけに頼り食物を探索するそのくちばしは、無機質な箸でもピンセットでもなく、指と同じ感覚器官なのだ。

1cm

86

Snipe
タシギ
Gallinago gallinago

チドリ目シギ科

フランスではベカシーヌと呼ばれ、やはりお皿に乗っている

眼窩

1cm

丸い頭に長くまっすぐのくちばし。タシギの姿はヤマシギと似ている。目が頭部の真横についているのも特徴だ。しかし、ヤマシギのほうが少し可愛く見える。これはタシギに比べてヤマシギのほうが頭が大きいからだろう。タシギもヤマシギも昼夜を問わず活動するが、タシギのほうが開放的な環境を好む。このためヤマシギに比べて眼球のサイズが小さく頭が若干小さくて済むのだ。ちなみにタシギとヤマシギにはもう1つ共通点がある。彼らは共に狩猟鳥なのだ。猟師系の焼き鳥屋に行けば、運よく両者を比較する機会に恵まれることもあるだろう。

87

チドリ目シギ科

Common Redshank
アカアシシギ
Tringa totanus

おっしゃる通りの真っ赤な足の色を赤銅に見立て、古名はアカガネシギ

　シギ類のくちばしの形は千差万別である。彼らの特殊化したくちばしは、採食対象に合わせて進化している。彼らは干潟の泥の中などで小動物を食べる。カニの穴、ゴカイの穴、ナニヤラヨクワカラナイムシの穴。その穴の深さや形がくちばしの形態を規定する。そんな小さな穴の中では、くちばしを大きく開くことはできない。しかし、シギ類はくちばしの途中から上顎を曲げ、先端だけを開くことができるから大丈夫だ。シギ類の鼻孔は前後に広い分鼻孔型だ。鼻孔の上側の骨は一部がとても薄くなっており、ここで曲げることができる。骨は硬いという先入観はノーサンキューだ。

クサシギ
Green Sandpiper
Tringa ochropus

チドリ目シギ科

臭いわけではない。干潟には出ず草地にいるためと言われる

第一趾

1 cm

　ムナグロ（p.85）の項で書いたが、シギ科では短いとはいえ第一趾が残っている。鳥の第一趾はほかの趾と対向することが特徴となっており、これは樹上で枝を握るために進化したと考えられている。一方でシギ類はいつも地面で生活しており、枝にとまる姿などついぞ見たことがない。確かにクイナ科やサギ科のように、カンジキ効果で面積を広げて干潟で脚が沈まないため、意味があって残っているのかもしれない。だが、それにしてはシギ科の第一趾は短い。我々は完全消失に至る進化の途中を目にしているのかもしれない。

89

オバシギ
Great Knot
Calidris tenuirostris

シベリアで繁殖して、オーストラリアまで渡る長距離旅行者。マイルがたまってしょうがない

シギ類（オグロシギ・左）の目が上を警戒しているのがよくわかる。右は上を気にしないアマサギの頭蓋骨

　サギ類の頭蓋骨を正面から見ると、眼窩の上が幅広で下に向かうに従って細くなる水泳選手的逆三角形型頭蓋骨だとオオヨシゴイ（p.59）の項で書いた。一方でシギ類は眼窩の上の幅が狭く、くちばしに向かって広くなる横綱的正三角形型頭蓋骨である。これは頭上がよく見える構造だ。干潟の上では突如として下から襲ってくるモンゴリアン・デスワームやビーチシャークのような存在は稀である。しかも食物はどうせ見えやしない地面の下だ。シギ類がなすべきは上空からの猛禽類の飛来への警戒なのである。集団で採食すれば、対捕食者検出力はさらに向上するのだ。

90

Black-headed Gull
ユリカモメ
Larus ridibundus

チドリ目カモメ科

東京都の鳥に指定されているが、夏になるといなくなる百代の過客である

塩類腺の圧痕

ユリカモメの頭蓋骨にも塩類腺の圧痕が目立つ。系統に関係なく、海鳥に共通の形態だ

橈骨

尺骨

同じチドリ目ではあるが、シギ科に比べると肘から先の橈骨・尺骨が長く、翼の長さがうかがわれる。同時に、胸骨を見比べてみると、カモメ科のほうが竜骨突起が低いことがわかる。カモメ科はより滑空に適した翼を持ち、シギ科は羽ばたきに適した短い翼と厚い胸筋を持っているのだ。ユリカモメの頭蓋骨を上から見ると眼窩の上部に浅いクレーターがある。ほかの海鳥と同じく、飲んだ海水から塩分を除去する塩類腺の圧痕だ。こうして骨の証拠がそろっていると、その鳥がどのような生活をしているかが浮かびあがってくるのが、骨格の面白さの1つである。

1cm

91

チドリ目カモメ科

ウミネコ
Black-tailed Gull
Larus crassirostris

日本全国で広く見られるカモメ。目つきの悪さは生まれつきなのでほっといてください

上腕骨の肘の部分は、物言いたげなコブシ形になる。親指にあたるのが背顆上突起

　上腕骨の肘側の関節部分は、軽くにぎった拳のような形をしている。右の上腕骨は右手に、左側は左手に似ている。この拳の親指にあたる部分を背顆上突起と呼ぶが、カモメ科の鳥ではこの突起がよく発達しており、溶鉱炉に沈みゆくT-800のハンドサイン的グッドラックな雰囲気を漂わせている。この突起は肩や手首につながる筋が付着する部分で、海上をグライディングするときに翼をピンと張るのに役に立つ。ミズナギドリ目でもこの部位はとても似た構造になっているので、比較してみてほしい。

1 cm

Little Tern
コアジサシ
Sterna albifrons

チドリ目カモメ科

河川敷や海岸で繁殖する小型のアジサシ。鯵は刺さない

ラナの友達のテキイはおそらくコアジサシである。アジサシ類は同じカモメ科にありながら、カモメ類とは骨格の雰囲気が随分とちがう。鋭いくちばし、翼の骨格の短さ、細く華奢な脚部がアジサシ類の特徴だ。羽毛をまとうアジサシ類は流線形の美しい姿を持ち、個人的には鳥類の中で最も整った姿だと思う。しかし、その美麗な姿を支えているのは長く伸びた風切羽やすらりと燕尾形の尾羽である。飛び姿のきれいさは短足が目立たないことの裏返しだ。おかげで骨格にすると優美さが剥奪されずんぐりむっくりになる。ラナには見せたくない姿である。

チドリ目カモメ科

Sooty Tern
セグロアジサシ
Sterna fuscata

セイシェル諸島で巣立ち後の若鳥が巨大なロウニンアジに捕食されることで有名

　翼の骨を根元から見ていくと、肩からの上腕骨、肘からの橈骨と尺骨、手首からの手根中手骨があり、その次に大指基節骨がある。鳥の翼には3本の指の骨が含まれているが、大指基節骨は人差し指の根元の2つの骨が癒合したものである。鳥類では一般にこの骨は薄い板状になっているが、アジサシ類を含むカモメ科では2つの穴があいていて向こうが見えている。この部分は初列風切羽が付着する場所ではあるが、特に強度が必要な部位ではない。ほかの鳥でも穴はないまでも非常に薄い。思い切って穴をあけて軽量化を進めたイノベーティブな骨格である。

上腕骨
橈骨
尺骨
大指基節骨
手根中手骨

1cm

Common Murre
ウミガラス
Uria aalge

チドリ目ウミスズメ科

国内では、天売島など北海道周辺の小島でのみ繁殖する

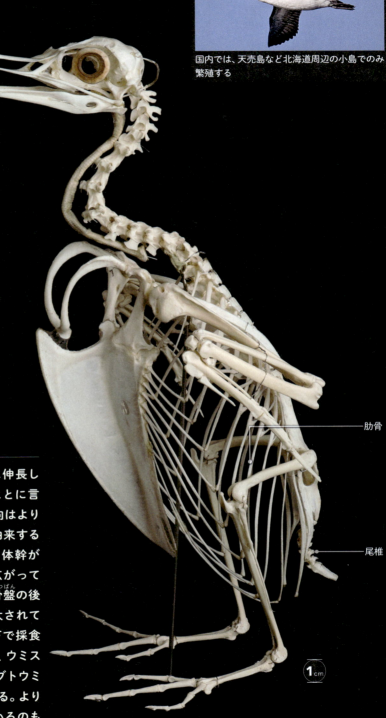

肋骨

尾椎

アビ類の解説で、肋骨(ろっこつ)が後方に伸長して体幹部の堅牢性を増していることに言及した。ウミスズメ類ではこの傾向はより強くなっている。羽ばたき潜水に由来する胸骨(きょうこつ)の前後への伸長のおかげで、体幹が保護される範囲はアビ類以上に広がっている。さらに肋骨が後方に伸び、骨盤(こつばん)の後方の尾椎(びつい)の下まで守備範囲が拡大されている。アビ類は主に水深10m以下で採食し、最深でも75m程度だ。しかし、ウミスズメ類はさらに深く潜水し、ハシブトウミガラスでは水深220mの記録もある。より高い水圧に耐える構造を備えているのも納得である。

95

チドリ目ウミスズメ科

Spectacled Guillemot
ケイマフリ
Cepphus carbo

黒白赤のシックな配色の美しい鳥。名前の由来はアイヌ語で「赤い足」の意

カンムリカイツブリ（左）とケイマフリ（右）の上腕骨の断面。扁平さは水の抵抗を物語る

　羽ばたき潜水型の鳥の特徴の1つは、上腕骨（じょうわん こつ）の断面の扁平さである。同じく潜水性の鳥とはいえ、足こぎ潜水や飛び込み潜水を旨とする鳥たちの場合は、上腕骨の断面はまったき円である。一般に軽量化され中空（ちゅうくう）となった骨を構造的に強化するためには、骨にかかる力を均等に分散させられる丸い断面が都合がよいに決まっている。しかし、水の抵抗はあまりにも大きく、潜水時の負荷を減らした効率のよい泳ぎを優先するには、扁平な骨がウェルカムなのだ。とはいえその道具が壊れては困る。このため骨の壁は少しばかり厚めだ。

Ancient Murrelet
ウミスズメ
Synthliboramphus antiquus

ウミスズメ、ウミガラス、ウミバト、ウミオウム。
海鳥のアイデンティティが心配になる

尺骨

チドリ目ウミスズメ科

　頭蓋骨の形を見ると、確かにカモメ科に近い形状をしており、同じチドリ目であることに合点がいく。しかし、ボディプランは大きく異なる。カモメ科では、次列風切羽を支える尺骨の長さが、胴長の8割程度に達する。一方、ウミスズメ科では4割以下といったところだ。水は空気の800倍もの密度を持つ。ウミスズメ科は飛行能力を維持しつつも、この高密度の物質の中で翼を羽ばたかせなくてはならない。空中では翼が長く面積が広いほうが揚力と推進力を得やすいが、水中では抗力と浮力が増え潜水しづらくなる。小さな翼は、飛べて泳げるギリギリのバランスの結果だ。

1cm

Rhinoceros Auklet
ウトウ
Cerorhinca monocerata

チドリ目ウミスズメ科

国内で上から読んでも下から読んでも同じ名前は、ウトウとウミウとキタタキだけ

竜骨突起

　羽ばたき潜水の代表種と言えば、ペンギン類とウミスズメ類であることに異論はないだろう。骨格にもダイバーとしての隆々たる特徴がよく現れている。羽ばたき潜水では、空気と比べものにならない抵抗を発生する水の中で翼を動かす必要がある。このため、胸骨の竜骨突起、すなわち翼を動かすための胸筋の付着部分が非常に大きく発達していることがわかる。足こぎ潜水をするカイツブリ類、アビ類、ウ類と比較すれば一目瞭然なので、見比べてみてもらいたい。

98

Secretarybird
ヘビクイワシ
Sagittarius serpentarius

タカ目 ヘビクイワシ科

大腿骨

英語のセクレタリーバードは書記官の鳥という意味。心強い行政官だ

　生きているときもおかしなバランスの鳥だなぁと思っていたが、ひと皮剥くとさらにその印象が強くなる。試しに骨格の下半分を隠してみる。ちょっと首が長いタカ、という風に見える。大腿骨までのバランスをそのままに、膝から下だけを伸ばすから、こんな不自然な姿になるのだ。ヘビを襲うとき、自分が襲われては元も子もないので、足先から胴体が逃げに逃げた結果この体型になったのだろう。太ももは真下に向いてはいないので、脚を伸ばすには確かに膝から下を伸ばすのが最適だ。とはいえ、私がもし神様なら大腿骨も伸ばしたくなるというものだ。

99

タカ目タカ科

Crested Honey Buzzard
ハチクマ
Pernis ptilorhynchus

ハチをよく食べる。顔の羽毛は甲冑のように頑丈で、ハチ刺されを予防する

上腕骨稜

　上腕骨の肩の関節の近く、三角の平面が上向きに広がり突出している。上腕骨稜と呼ばれる部位で、正面から見るとグフの肩のようでカッコいい部分である。タカの仲間ではこの突起が発達しているが、これはよくグライディングをする鳥の特徴だ。鳥の翼は広げたときに肩、肘、手首の間に三角ができる。この三角部分に皮膚の膜が広がり、滑空を支えてくれる。私も鳥の翼は羽毛でできていると喧伝することがあるが、じつは皮膜も使っているのだ。この皮膜を支えているのが上腕骨稜である。滑空を好むミズナギドリ類でも発達しているのでご覧あれ。

5cm

100

Black Kite

トビ
Milvus migrans

タカ目タカ科

日本で最も身近な猛禽類。体の半分は油揚げ
でできている

　天狗というと、鼻の長い鼻高天狗を想像
することが多いが、彼らは江戸時代以降に
分布を広げた新参者である。これに対し
て、より古い時代の天狗は鼻高ではなく、
くちばしを持つ烏天狗タイプである。今昔
物語などの古い文献を読むと、その正体は
トビと書かれており、カラス天狗ではなく
トビ天狗だとわかる。日本には数こそ少な
いものの天狗の標本が残されており、和歌
山県御坊市にはその1つがある。この標本
がX線CTにより分析された結果、その骨
格はトビに酷似していることが示されてい
る。天狗は翼の生えた哺乳類ではなく、人
型っぽいトビだと骨格が物語っている。

5cm

101

タカ目タカ科

White-tailed Eagle
オジロワシ
Haliaeetus albicilla

国内では北海道で繁殖している。渡りの個体は
時に沖縄や小笠原に達する

叉骨

　胸には非常に幅が広い叉骨が目立つ。体が大きければ幅広になるかといえば、必ずしもそうではない。たとえばアホウドリ類ではあまり発達していないし、タカ科では大型のガン類やハクチョウ類に比べても太さが目立つ。叉骨は、羽ばたきと連動して柔軟にたわむ骨である。このため、強い羽ばたきをする鳥では、その力を受け止められる幅広の叉骨が発達する傾向がある。タカ類は狩りのため強く羽ばたく。オジロワシは体重の重さもあり、叉骨には大きな負荷がかかるはずだ。叉骨マッチョにもうなずける。

5 cm

Steller's Sea Eagle
オオワシ
Haliaeetus pelagicus

タカ目タカ科

冬場に北海道で見られる日本最大のワシ。魚を食べているので頭がよくなる

足根中足骨

5cm

太い部分が2つある。くちばしと、足根中足骨だ。特に足根中足骨は、ほかのタカ類に比べて短めであるため、なおさら太さが際立って見える。オオワシは魚食を好み、時にはシャケなどの大型の魚を足につかんで空を飛ぶ。それだけの重量物をつかむためには、それに応じた力が必要だ。足根中足骨は、趾につらなる腱の格納庫でもある。ここが細長ければ腱も長くなり、バネ的な作用で走行しやすくなる。一方で骨が太く短ければ腱も太短く、強い力で趾を握りしめられるようになる。オオワシの足からはスピード型ではなくパワー型の戦略の匂いがする。

103

タカ目タカ科

ツミ
Japanese Sparrowhawk
Accipiter gularis

都市公園でも繁殖する小型のタカ。巣の近くにオナガが営巣し、ガードマンにすることがある

上腕骨

5cm

　大型のタカに比べると、体に対する翼の割合が短い。横から見ると、オオワシ（p.103）やオジロワシ（p.102）などでは上腕骨の肘関節部分が骨盤の後方にまで至っている。それに対してツミでは骨盤の前方どまりである。長い上腕骨は、羽ばたきよりも滑空に適した構造である。そう考えると、ツミの短い上腕骨はより羽ばたきに適した構造だと解釈できる。障害物の多い林内も巧みに使って生活するこの鳥にとって、翼がコンパクトなことは大きなアドバンテージになっている。

ハイタカ
Eurasian Sparrowhawk
Accipiter nisus

タカ目タカ科

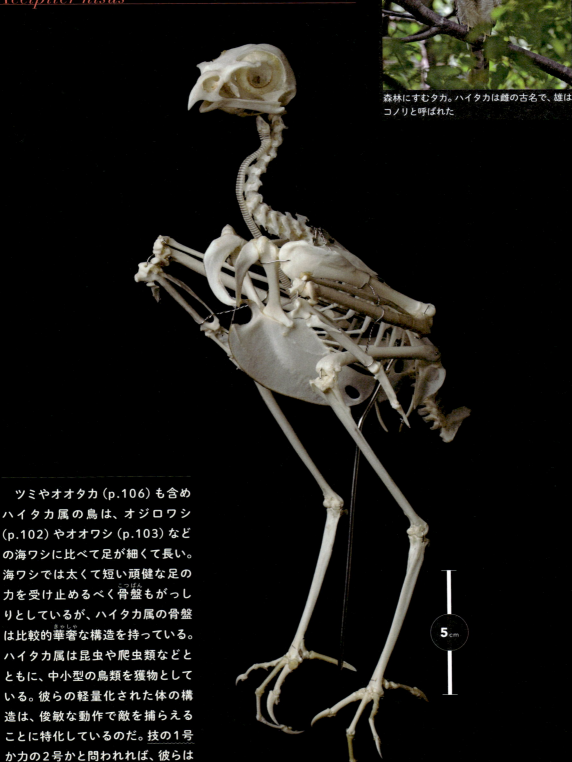

森林にすむタカ。ハイタカは雌の古名で、雄はコノリと呼ばれた

5cm

ツミやオオタカ（p.106）も含めハイタカ属の鳥は、オジロワシ（p.102）やオオワシ（p.103）などの海ワシに比べて足が細くて長い。海ワシでは太くて短い頑健な足の力を受け止めるべく骨盤もがっしりとしているが、ハイタカ属の骨盤は比較的華奢な構造を持っている。ハイタカ属は昆虫や爬虫類などとともに、中小型の鳥類を獲物としている。彼らの軽量化された体の構造は、俊敏な動作で敵を捕らえることに特化しているのだ。技の1号か力の2号かと問われれば、彼らはまちがいなく前者なのである。

タカ目タカ科

Northern Goshawk
オオタカ
Accipiter gentilis

眼窩

全国的に分布する中型のタカ。時には自分より大きな鳥も襲う

5 cm

　優美かつ勇猛な姿が日本画などのモチーフとなり、サムライ的な佇（たたず）まいが日本人の心とつかんで離さない。しかし、骨にすると両津勘吉的な匂いが漂いはじめ、戸惑いを禁じ得ない。これは、眼窩（がんか）の上に眉のように骨が飛び出ているためだ。この骨は多くのタカ類に見られる構造だ。捕食者に狙われる立場であれば、視界を広げて警戒を怠らないことが生き残る術（すべ）である。しかし、捕食者にとっては上空を警戒する必要はない。上方からの余計な光をカットするカメラのレンズフードのようなものだろう。その視線からは誰も逃げることはできない。

Grey-faced Buzzard-eagle
サシバ
Butastur indicus

タカ目タカ科

爬虫類や両生類を好んで食べる。モグラや昆虫も嫌いじゃない

胸骨の穴のサイズには個体差があり、完全にふさがっている場合もある

　胸骨(きょうこつ)を見ると、ぽっかりと穴が空いており、エイリアンの子どもが内側から食い破ったのではないかと心配になってくる。でもご安心あれ。タカにエイリアンが寄生(きせい)した例はこれまでに報告されていない。ここで重要なのは、穴が空いていることよりも、穴を残して胸骨の下部の平面が広がることで、下端がまっすぐになっていることだ。その結果、タカの胸骨を正面から見ると、余計な突起がなく四角い弁当箱のように四角くなっている。周囲に枝が伸びるタイプの胸骨に比べて柔軟性は低くなるが、胸筋をしっかりと支え力強く飛ぶことに貢献する構造だろう。

タカ目タカ科

Common Buzzard
ノスリ
Buteo buteo

強膜輪

島嶼部も含めて広く分布するタカ。腹巻き模様がバカボンのパパっぽい

5cm

　目の中の円形の骨は強膜輪だ。人間の眼球は球状だが、鳥の眼球はまん丸ではない。視覚に頼る鳥類が、視覚の向上のため狭い頭蓋骨の中で目を大きくするには、甘食のようなつぶれた形のほうが効率がいい。しかし、眼球の内側から圧力がかかると、甘食はマリモ羊羹的な球状に変形しようとする。強膜輪はその圧力に抗い、眼球を甘食にとどめる機能を持つ。なお、鳥の角膜と水晶体は柔軟で、これを湾曲させてピントを変えられる。特にタカはびっくりするほど湾曲させるので、御目出度達磨のように目が飛び出す。この変形時にも強膜輪の抑えが効いているはずだ。

Collared Scops Owl
オオコノハズク
Otus lempiji

体の割に大きな羽角を持つ小型フクロウ。全国にいるものの、姿はなかなか見られない

フクロウ目フクロウ科

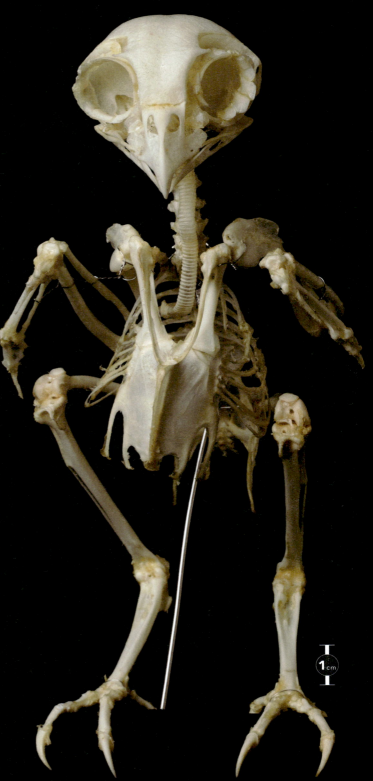

　聴覚を主要な感覚器官とするフクロウ類は、音源の特定のための形態を進化させている。その1つは顔盤（がんばん）の発達である。一般に捕食性の高い鳥類は、対象を立体視できるよう、目が前向きについていて両眼視野が広い傾向がある。捕食者であるフクロウ類はまさにこのタイプで両目がほぼ真正面を向いている。そのおかげで、顔が比較的平板である。そこに羽毛が生えることで、顔が集音用パラボラアンテナ型になり、聴力が向上している。これは骨格だけでは成し得ない構造だ。羽毛という器官が鳥にとってどれだけ有用かがよくわかる。

Oriental Scops Owl
コノハズク
Otus sunia

強膜輪

枯れ葉の色にちなんだ名前というが、木の葉というと緑色を想像するのは私だけか

　夜行性の動物にとって、視覚への対処は2通りある。1つ目は、どうせ暗いのだからと視覚を捨てて目を小さくし、嗅覚などほかの感覚にシフトするキーウィ型。2つ目は、それでもなお少ない光を捉えるため、眼球を大きくするフクロウ型だ。フクロウ類は聴覚を発達させながら視覚も発達させている贅沢フクロウ型である。そのおかげで、フクロウ類の眼窩は非常に大きい。同時に、眼窩の中の強膜輪も大きい。強膜輪の形状は鳥の日周性と強い相関があり、夜行性の鳥では強膜輪の内径が相対的に大きい。この関係は、恐竜や翼竜の日周行動の推定にも利用されている。

5cm

Ural Owl
フクロウ
Strix uralensis

広く分布する里山のフクロウ。羽毛には細かい毛が密生し、消音効果を発揮する

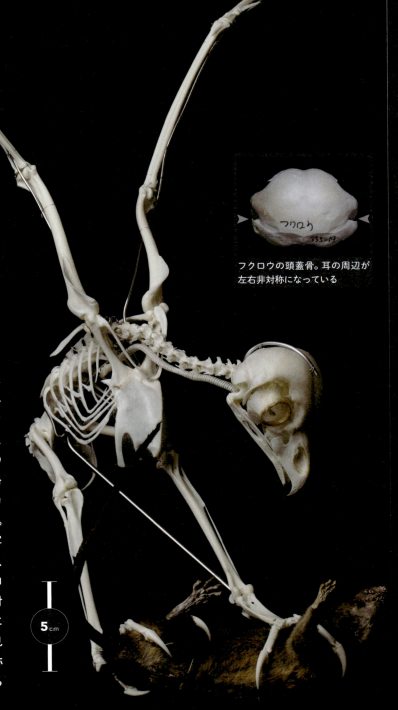

フクロウの頭蓋骨。耳の周辺が左右非対称になっている

フクロウの耳の位置は左右でずれているのは有名な話だ。夜行性のフクロウは聴覚に頼って狩猟を行うため、音を三次元的に把握できるよう耳の高さが左右でちがうのだ。これは骨格にも反映されており、右の耳はコメカミ辺りに、左の耳はほっぺたにある。という話を左右非対称な頭蓋骨(とうがいこつ)の写真とともに見たことがある。しかし、これはキンメフクロウの話だ。フクロウでは、パッと見の骨格はほぼ左右対称である。初めて標本を作ったときにがっかりしたものだ。だが、よーく見ると少しだけ耳の周辺が左右非対称になっている。よーく見ないとわからないので、よーく見てくれたまえ。

フクロウ目フクロウ科

Brown Hawk-Owl
アオバズク
Ninox scutulata

昆虫食の小型フクロウ。青葉の季節に全国に渡ってくる新緑の使者

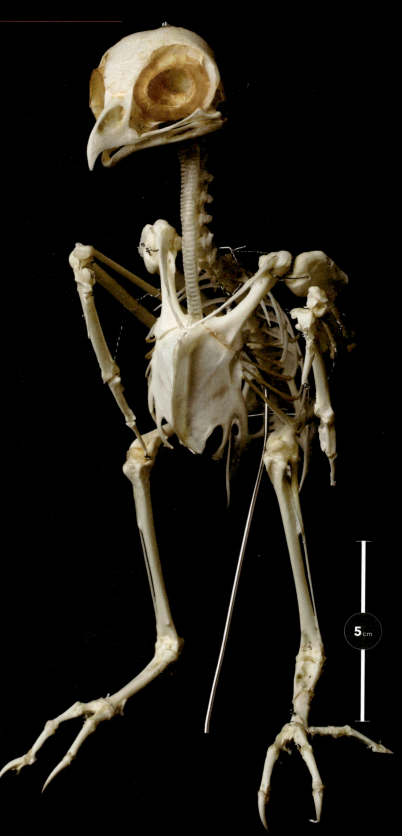

鋭いカギ型のくちばしに鋭利な足の爪。この骨格だけを見ると、思わずタカのような復元図を描きたくなってしまう。特にアオバズクはほかのフクロウに比べて小顔なので、ページを変えてタカの間に忍ばせたい欲求にかられる。しかし、羽毛をまとえば、彼らはご存知の通りトトロ的な愛らしさを持った姿になる。逆に言うと、トトロも軟部組織を取り去ってしまえば、モフモフ感がなくなりちょっと頭が大きめの類人猿的な骨格標本になるのかもしれない。フクロウ科の骨格を見ていると、化石標本からの外部形態復元の難しさを思い知らされる。

112

美しい
海の浮遊生物図鑑
若林香織・田中祐志 著　阿部秀樹 写真
A5判　180ページ　本体2,400円+税　978-4-8299-7221-2

海の浮遊生物250種類以上を掲載した世界初の写真図鑑。観察や撮影のポイントも収録。

ネイチャーガイド
日本のウミウシ 第二版
中野理枝 著
A5判　544ページ　本体5,500円+税　978-4-8299-8410-9

日本近海で見られるウミウシ1400種以上を掲載。2019年6月時点の最新分類体系に準拠。

新刊

フィールド図鑑
日本のウミウシ
中野理枝 著
A5判　144ページ　本体2,000円+税　978-4-8299-7228-1

日本近海で見られるウミウシ340種の識別図鑑。ウミウシの名前を知りたいビギナー必携の一冊。

新刊

SUNDAY MORNING
ウミウシのいる休日
鍵井靖章 写真　中野理枝 文
200×225mm　108ページ　本体2,600円+税
978-4-8299-7915-0

美しいウミウシの写真集。

新刊

チョウの蛹
ハンドブック
矢後勝也 文　尾園暁 写真
新書判　160ページ　本体予価2,000円+税
978-4-8299-8164-1　2019年11月発売予定

日本に生息する約260種のチョウの蛹の識別図鑑。腹面、背面、側面の3方向からの蛹写真に加え、成体オス、メスの表面、裏面の写真も掲載。大きさや生態、食草、観察時期、特徴などの解説も充実した。

Coming Soon!

手すりの虫
観察ガイド
公園・緑地で見つかる四季の虫
とよさきかんじ 著
A5判　144ページ　本体1,800円+税
978-4-8299-7227-4

歩きながら簡単に虫を探せる「手すりの虫観察」。今まで虫好きにしか知られていなかった手すりの虫の世界を、楽しいイラストと写真で
野外でよく見る約300種を
おり、昆虫観察や自由研
学習にもぴったり。

鳥の骨格標本図鑑

川上和人 著　中村利和 写真
B5判　168ページ　本体予価2,400円+税
978-4-8299-7509-1　2019年11月発売予定

145種の鳥の骨格標本を掲載。体を支える丈夫さと飛ぶための軽量性を兼ね備えた骨の見どころを、飛ぶ、泳ぐ、走る、獲物を捕らえるなど、鳥の生態・行動と関連させて解説。生態写真と合わせて見ることで、鳥の進化の道筋を垣間見ることができる一冊。

※仮表紙

鳥くんの比べて識別！
野鳥図鑑670 第3版

永井真人 著　茂田良光 監修
A5判　400ページ　本体予価4,000円+税
978-4-8299-7231-1　2019年11月発売予定

※サンプル見本ページ

日本で記録のある鳥類および移入種と、今後、記録される可能性のある野鳥673種を紹介した写真図鑑。特徴がよくわかる切り抜き写真と、矢印で示した識別ポイントの組み合わせにより、野鳥が識別できるようになる一冊。

紅葉 ハンドブック

林 将之 著　電子版あり
新書判　80ページ　本体1,200円+税　978-4-8299-0187-8

カエデ科24種をはじめ身近な野山や公園の木まで、鮮やかに紅葉する樹木121種を紹介。

どんぐり ハンドブック

いわさゆうこ 著　八田洋章 監修
本体1,200円+税　978-4-8299-1176-1

22種を取り上げ、原

美しい
海の浮遊生物図鑑

若林香織・田中祐志 著　阿部秀樹 写真
A5判　180ページ　本体2,400円+税　978-4-8299-7221-2

海の浮遊生物250種類以上を掲載した世界初の写真図鑑。観察や撮影のポイントも収録。

ネイチャーガイド
日本のウミウシ 第二版

中野理枝 著
A5判　544ページ　本体5,500円+税　978-4-8299-8410-9

日本近海で見られるウミウシ1400種以上を掲載。
2019年6月時点の最新分類体系に準拠。

新刊

フィールド図鑑
日本のウミウシ

中野理枝 著
A5判　144ページ　本体2,000円+税　978-4-8299-7228-1

日本近海で見られるウミウシ340種の識別図鑑。
ウミウシの名前を知りたいビギナー必携の一冊。

新刊

SUNDAY MORNING
ウミウシのいる休日

鍵井靖章 写真　中野理枝 文
200×225mm　108ページ　本体2,600円+税
978-4-8299-7915-0

美しいウミウシの写真集。

新刊

鳥の骨格標本図鑑

川上和人 著　中村利和 写真
B5判　168ページ　本体予価2,400円+税
978-4-8299-7509-1　2019年11月発売予定

145種の鳥の骨格標本を掲載。体を支える丈夫さと飛ぶための軽量性を兼ね備えた骨の見どころを、飛ぶ、泳ぐ、走る、獲物を捕らえるなど、鳥の生態・行動と関連させて解説。生態写真と合わせて見ることで、鳥の進化の道筋を垣間見ることができる一冊。

※仮表紙

鳥くんの比べて識別！
野鳥図鑑670
第3版

永井真人 著　茂田良光 監修
A5判　400ページ　本体予価4,000円+税
978-4-8299-7231-1　2019年11月発売予定

日本で記録のある鳥類および移入種と、今後、記録される可能性のある野鳥673種を紹介した写真図鑑。特徴がよくわかる切り抜き写真と、矢印で示した識別ポイントの組み合わせにより、野鳥が識別できるようになる一冊。

※サンプル見本ページ

紅葉ハンドブック

林 将之 著　電子版あり
新書判　80ページ　本体1,200円+税　978-4-8299-0187-8

カエデ科24種をはじめ身近な野山や公園の木まで、鮮やかに紅葉する樹木121種を紹介。

どんぐりハンドブック

いわさゆうこ 著　八田洋章 監修
新書判　80ページ　本体1,200円+税　978-4-8299-1176-1

日本産どんぐり（ブナ科の果実）22種を取り上げ、原寸大のどんぐりや樹皮など識別に役立つ写真を満載。

身近な草木の実とタネハンドブック

多田多恵子 著
新書判　168ページ　本体1,800円+税　978-4-8299-1075-7

身近に観察できる草木約200種の実とタネを紹介。

草木染ハンドブック

山崎和樹 著
新書判　128ページ　本体1,600円+税　978-4-8299-8129-0

日本の伝統的な染色法「草木染」。野山の草木から台所の野菜まで、身近な素材100種の草木染を解説。羊毛の染色見本を全種掲載。

チョウの蛹
ハンドブック

矢後勝也 文　**尾園暁** 写真
新書判　160ページ　本体予価2,000円+税
978-4-8299-8164-1　2019年11月発売予定

日本に生息する約260種のチョウの蛹の識別図鑑。腹面、背面、側面の3方向からの蛹写真に加え、成体オス、メスの表面、裏面の写真も掲載。大きさや生態、食草、観察時期、特徴などの解説も充実した。

手すりの虫
観察ガイド
公園・緑地で見つかる四季の虫

とよさきかんじ 著
A5判　144ページ　本体1,800円+税
978-4-8299-7227-4

歩きながら簡単に虫を探せる「手すりの虫観察」。今まで虫好きにしか知られていなかった手すりの虫の世界を、楽しいイラストと写真で紹介。野外でよく見る約300種を掲載しており、昆虫観察や自由研究など自然学習にもぴったり。

2019 10

文一総合出版
秋の新刊と
おすすめ書籍

ウニ ハンドブック

田中 颯・大作晃一・幸塚久典 著
新書判 128ページ 本体1,800円+税
978-4-8299-8165-8 10月25日発売 電子版あり

日本の海岸で入手できる可能性が高いウニ103種を掲載したハンディ図鑑。識別に必要な殻の部位や見分け方、採集・標本作成方法についても詳しく解説。ビーチコーミングやシュノーケリングで発見したウニを識別できる。

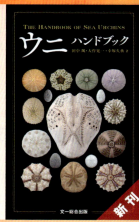

新刊

海辺で拾える貝 ハンドブック

池田 等 著　松沢陽士 写真　電子版あり
新書判 96ページ 本体1,400円+税 978-4-8299-1024-5

海辺で拾える貝殻150種を収録。波にもまれ、岩にぶつかり、割れたり色や模様が変わってしまった貝殻など、バリエーション豊かな写真を多数掲載。

ハエトリグモ ハンドブック

須黒達巳 著

新書判 144ページ 本体1,800円+税 978-4-8299-8149-8

日本に定着するハエトリグモ全種100種を識別図鑑。
雄、雌、亜成個体をも豊富な写真で網羅し、全種を続
収納え、その識別ポイントを詳細にご解説。

落ち葉の下の小さな生き物
ハンドブック

島野智之 著 渡辺弘之 監修

新書判 120ページ 本体1,600円+税 978-4-8299-8145-0

169種の土を食べつくる小さな動物がわかる図鑑。

イモムシの教科書

安田守 著

四六判 224ページ 本体1,800円+税 978-4-8299-7108-6

『イモムシハンドブック』の著者が重要な写真を豊
富により詳しく解説する「イモムシ」本。イモムシ
の見方・楽しみ方がこの1冊でわかる。

虫のしわざ観察ガイド

新開孝 著

A5判 144ページ 本体1,800円+税 978-4-8299-7203-8

身近な雑草や草花に見られる、虫たちが残すフン、ぬけ
がら殻や食痕の食事跡、巣や卵などの"しわ
ざ"150種を、豊富な写真とともに紹介。

Short-eared Owl
コミミズク
Asio flammeus

フクロウ目フクロウ科

冬になると河川敷などで見られる枯れ草色の
フクロウ

　羽毛で全身がおおわれているとき、フクロウ類は非常に短足に見える。しかし、こうやって骨格にして見ると、思いのほか脚が長いことに気づかされる。フクロウ類は一般に夜行性であるため、タカのように狩猟のシーンを見るチャンスは少ない。だが、彼らがネズミなどの獲物を捕らえるのに使うのは、まさにその脚である。そのためには、大きな筋肉がつけられ可動範囲が広い長い脚が必要なのは当然のことである。能ある鷹は爪を隠すと言うが、実際にはタカは爪を隠さない。諺を「能ある梟は脚を隠しながら円らな瞳であざとく首を傾げて油断を誘う」に変えてはどうでしょう。

5cm

113

ヤツガシラ
Eurasian Hoopoe
Upupa epops

繁殖期の雌とヒナは尾脂腺から腐肉臭の分泌液を出して身を守る。一度、嗅いでみたい

1cm

　この個体はまだ若いので特徴が出ていないが、ヤツガシラは成長すると頭蓋骨の形態が変化する。頭上に生えた8房の飾り羽の付着部がふくらみ、頭蓋骨の上に8つのツノが生えるのだ。このツノは年齢とともに巨大化し、いずれは皮膚を突き破り外に突き出す。ただしそこまで長生きする個体は少ないため、野外での観察例は稀だ。ヤツガシラという名前は、羽毛でできた冠羽ではなく、頭蓋骨から生えた骨質のツノに由来するのである。というのは全部嘘なので、覚える必要はありません。外見の割に普通の骨格なので、つい作り話をしたくなりました。

アカショウビン
Ruddy Kingfisher
Halcyon coromanda

ブッポウソウ目カワセミ科

「キョロロロ」と鳴く山地の渓流の鳥。カワセミより3倍速い

カワセミ科やハチクイ科などは、足の趾の一部が結合した合趾足となっている。カワセミ科の場合は、第三趾と第四趾の基部が癒合している。確かに外見的には癒合しているが、はたして骨がどうなっているのか、気になるところである。そこで、足を解剖して骨の状態を観察して見たところ、中には2本の骨が癒合せずに入っていた。骨の形態を進化させるのは時間がかかるだろうが、表面の皮膚の構造で一体化した趾は比較的短期間で進化しやすいのだろう。これは、土中や樹洞で土や木片をかき出すのに適したスコップ的構造だと考えられる。

カワセミ科では第三趾と第四趾が若干ミトン気味。写真はカワセミ

115

ブッポウソウ目カワセミ科

カワセミ
Common Kingfisher
Alcedo atthis

全国の水辺にすむ青い鳥。確かに見ると幸せな気分になる

足根中足骨

1cm

　なりふり構わず飛び込む。必要なのは、水の抵抗を少なくすることである。同じく魚食性のサギ類では後ろに安定した体とマッチョな首がついているため、筋力により頭を水中にたたき込むことができる。しかし、カワセミ類にできることは、枝上からのわずかな助飛距離で体ごと水中に突き刺さることだけだ。このため、頭に対して体がコンパクトであり、体から外側に飛び出してしまう足根中足骨の部分が短くてしょうがないのだ。この短足は進化の証しであり、恥ずべきウィークポイントではない。カワセミはサギの頭だけが飛んでいる飛頭蛮かマゼラトップなのである。

116

Crested Kingfisher
ヤマセミ
Megaceryle lugubris

ブッポウソウ目カワセミ科

渓流にすむカワセミの仲間。白黒印刷しても印象が変わらない

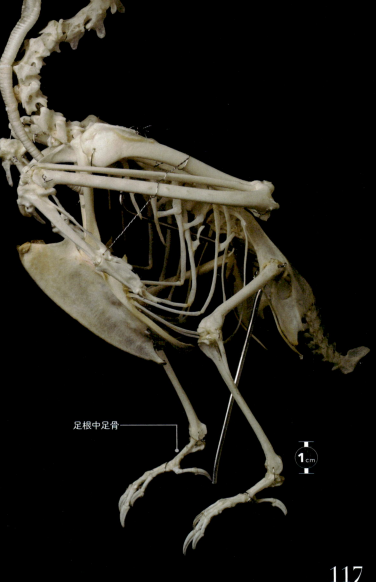

カワセミも短足だが、こうしてヤマセミを見るとカワセミはまだ長いほうだと感じる。ヤマセミの足根中足骨の短さには目を見張るものがある。カワセミは体長17センチに対して足根中足骨が0.9センチ、5.3％だ。対するヤマセミは体長38センチに対して足根中足骨が1.4センチ、わずか3.7％しかない。両者はともに崖に掘った穴の中に営巣する。その空間の中では、長い脚は邪魔なだけである。この営巣様式は、キツネやヘビなどの捕食者の回避に貢献する。アカショウビン(p.115)は比較的脚が長いが、これは彼らが崖のトンネルよりは広い樹洞で営巣することと関係あるだろう。

足根中足骨

117

キツツキ目キツツキ科

アリスイ
Eurasian Wryneck
Jynx torquilla

樹幹に止まらないキツツキ。首の動かし方がヘビに似ており、西洋では不吉の象徴とされる

舌骨

キツツキの頭蓋骨には舌骨の収まる溝がある。これはオオアカゲラ

　人間の舌には骨はないが、鳥の舌には舌骨という骨が入っている。キツツキの仲間は、木の中の深くに住む幼虫などを捕らえるため、とても長い舌を持っている。この長い舌ももちろん骨格に支えられており、口内に収まりきらない舌骨は、頭蓋骨の後方を下から上にぐるりと取り巻いている。この構造はキツツキだけに許されたものではなく、タイヨウチョウ科やハチドリ科でも見られる。こちらは昆虫ではなく、細長い花の奥から蜜を吸うために長い舌を使用する。ハチドリ(p.83)の骨格写真でもチラリと見えているのでご覧いただきたい。

コゲラ
Japanese Pygmy Woodpecker
Dendrocopos kizuki

都市公園でも見られる小さなキツツキ。趾は前後2本の対趾足

キツツキ目キツツキ科

橈骨
尺骨

コゲラ（上）とアオゲラ（下）の翼羽乳頭。触ると見た目以上に存在感があるので、触らせてあげたい

　鳥の肘から手首の間には、橈骨と尺骨という2本の骨が入っており、太いほうが尺骨だ。尺骨の上には翼羽乳頭という小さな突起が等間隔で並んでいる。次列風切羽が生えていた基部に当たる部分だ。風切羽の生えている鳥にはあるものなのだが、キツツキ科ではこの突起がほかの種に比べて大きく発達している。確かにキツツキは力強く羽ばたくが、だからといって特別に大きな土台が必要な理由はよくわからない。そのおかげで目をつぶって触るだけでキツツキ科とわかるのは数少ない利点である。まぁ、そんな機会は一生に一度も巡っては来ないのだが。

1cm

119

キツツキ目キツツキ科

アカゲラ
Great Spotted Woodpecker
Dendrocopos major

舌骨

とてもキツツキらしいキツツキ。ヨーロッパからアジアまで広く分布する

5cm

　あんなに木に頭を打ちつけて大丈夫かとしばしば心配されるが、大丈夫らしい。本人がそう言っていたのでまちがいない。キツツキのくちばしはまっすぐに首まで伸び、下顎骨の根元で蝶番の役割を果たす方形骨が、ほかの種に比べて大きく発達している。この構造のおかげで、くちばしの先端で生まれた衝撃は、そのまま首の後ろに逃がされる。その衝撃は悪役レスラー的にマッチョな首の筋肉が受け止め、分散する。頭蓋骨の中のスポンジ状の海綿骨は脳への衝撃を吸収し、頭蓋骨を取り巻く舌骨は頭部の構造を強化する。彼らの頭は丸ごとビルの耐震構造なのだ。

120

アオゲラ
Japanese Green Woodpecker
Picus awokera

キツツキ目キツツキ科

日本固有のキツツキ。時に家屋に穴をあけて怒られるお茶目さん

5cm

尾端骨

　アオゲラは樹幹にとまるときに、両足以外に尾羽を第3の支点を使っている。カンガルーも初代ゴジラも休憩するときに尻尾を使う。3か所で支えるのは安定感がある姿勢なのだ。この姿勢をとるため、キツツキの尾羽は羽軸が太くて硬い。そしてその尾羽を支えている骨は尾端骨(びたんこつ)である。尾端骨は、複数の尾椎(びつい)が癒合(ゆごう)した骨で、この骨のおかげで鳥は尾を自由に動かすことができる。キツツキの場合は、尾羽をしっかりと支えられるように尾端骨が幅広で分厚くがっしりとしている。尾羽の基部がはまるくぼみも深みがあり、さもありなんという構造だ。

ハヤブサ目ハヤブサ科

Common Kestrel
チョウゲンボウ
Falco tinnunculus

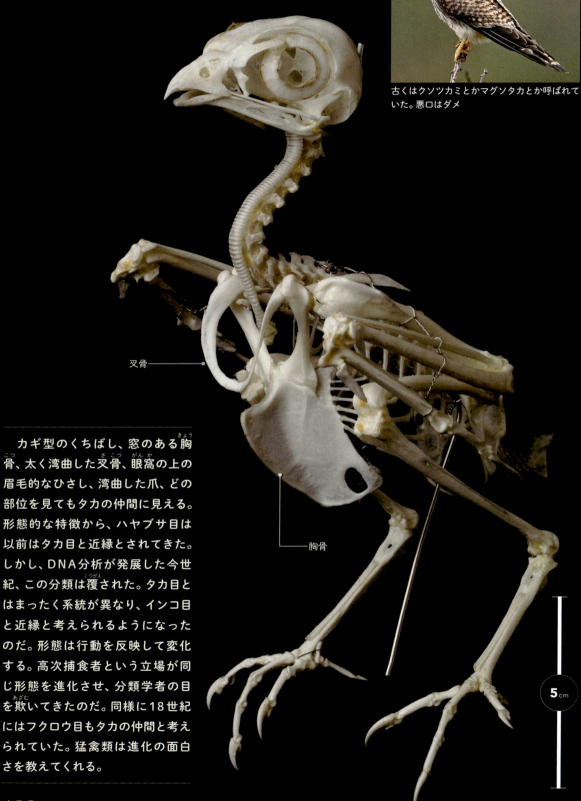

古くはクソツカミとかマグソタカとか呼ばれていた。悪口はダメ

叉骨

胸骨

5cm

　カギ型のくちばし、窓のある胸骨、太く湾曲した叉骨、眼窩の上の眉毛的なひさし、湾曲した爪、どの部位を見てもタカの仲間に見える。形態的な特徴から、ハヤブサ目は以前はタカ目と近縁とされてきた。しかし、DNA分析が発展した今世紀、この分類は覆された。タカ目とはまったく系統が異なり、インコ目と近縁と考えられるようになったのだ。形態は行動を反映して変化する。高次捕食者という立場が同じ形態を進化させ、分類学者の目を欺いてきたのだ。同様に18世紀にはフクロウ目もタカの仲間と考えられていた。猛禽類は進化の面白さを教えてくれる。

チゴハヤブサ
Eurasian Hobby
Falco subbuteo

ハヤブサ目ハヤブサ科

体長30cm強の小型のハヤブサ。東北や北海道で繁殖する

尾端骨

5cm

　尾羽を広げてスピードを落とす。尾羽を広げてディスプレイする。チゴハヤブサであれば難なくやってのける芸当だ。しかし、アイアンマンやゴジラには到底真似することができない。なぜならば、彼らは尾端骨を持っていないからだ。鳥がまだ進化の途上でシソチョウ的フォルムを持っていたころ、爬虫類的な長い尾の中心には椎骨が連なっていた。時代を経るにつれ、尾が短くなり、椎骨が癒合してひとまとまりの尾端骨となった。尾端骨には尾羽が刺さるソケットがあり、周囲に筋肉を纏う。この骨のおかげで、鳥は尾羽を広げたり持ち上げたりできるようになったのだ。

ハヤブサ目ハヤブサ科

Peregrine Falcon
ハヤブサ
Falco peregrinus

最高時速300kmともされる最速の動物。同名のスズキのバイクも300km出る

腓骨

脛足根骨

5cm

　膝からかかとまでの脛足根骨（けいそっこんこつ）の外側に、細い骨がついている。これは腓骨（ひこつ）だ。人間も膝から下には2本の骨があるが、これと相同な部位だ。人間の腓骨はあまり役に立っていないらしく、骨移植などのために切り取られてもあまり困らないと聞く。鳥でも腓骨は縮小傾向にある。ハヤブサ目やタカ目では腓骨の独立性すら否定されつつあり、しばしば脛足根骨と癒合（ゆごう）している。数千万年もすれば、この骨はさらに縮小し、脛足根骨の突起の1つとなるのだろう。トルメキア帝国に併呑（へいどん）されゆく腐海周辺の小国はこんな気持ちなのかと、腓骨を見るたびに切なくなる。

124

Red-and-green Macaw
ベニコンゴウインコ
Ara chloropterus

インコ目インコ科

南米の大型インコ。寿命は50年以上あるため、飼育するには相応の覚悟が必要

下顎骨

5cm

　羽毛に包まれていると、煌びやかな羽衣に目が奪われてしまうが、骨格にすると視線の先が変わる。頭蓋骨の迫力に目を奪われるのは私だけではないはずだ。インコの仲間はしばしば種子を好んで食べる。ベニコンゴウインコは大きく硬いナッツもそのくちばしに挟んで割り砕く。質実剛健な下顎骨は種子をホールドするのに適した形態を呈し、頑丈な上顎とともに挟み割る。上顎のつけ根は薄くなっており、ここでくちばしを下に曲げて締めつけることができる。うん、絶対に噛まれたくないな。

骨太コラム「骨折り損の」

野生鳥類にとって、骨折は命取りである。

人間ならば、大抵は病院で安静にしていれば治癒するだろう。あわよくば看護師さんとの恋が芽生え、人生が好転するおそれすらある。

しかし、鳥はそうはいかない。

鳥は翼や脚などを支える細長い骨を骨折しやすい。翼の折れたエンジェルは、食物を採りに移動することも叶わず、捕食者に襲われれば一巻の終わりだ。脚が折れれば歩行が制限され、離陸時の踏み切りにも影響する。野生下では骨折が死に直結しやすいため、治癒痕のある骨を見ることは珍しい。

私の手元にはそんな稀な骨がある。コガモの脚とオナガガモの翼の骨だ。ともにカモ科であることは偶然ではないだろう。

カモはたとえ移動できずとも、池に浮いていれば採食できる。ここならキツネやイタチに襲われる心配もない。時間をかけて治癒を待つことができるのだ。

骨折治癒にアドバンテージのある彼らだが、一方で開放的な場所で美味なボディを披露することは、タカや猟師に狙われ骨折の危険を増加させる。なんとも皮肉なことだ。

オナガガモの橈骨と尺骨。
まとめて折れてまとめて治ったようだ

コガモの脛足根骨。
何かが刺さったまま治癒したと見られる

Black-naped Oriole
コウライウグイス
Oriolus chinensis

中国で人気の飼養鳥。中国では「鶯」はこの鳥を指す

スズメ目コウライウグイス科

　コウライウグイスは、スズメ目のカラス上科に含まれる。黄色い羽衣(う)と美しい鳴き声からは想像しづらいが、カラスに近い仲間なのだ。確かにそう言われてみると、この種の骨格はカケス（p.129）の骨格と似て見える。一方で、カラス上科にはモズ（p.128）も含まれる。モズとカケスの骨格は、第一印象ではそれほど似て見えない。だが、モズは系統的にはコウライウグイスよりもカラス科に近いとされている。人は標本を見るときもつい頭部に注目してしまう。しかし、頭部に目立つくちばしは、種の食性にあわせて系統と関係なく進化しやすい。第一印象はアテにならないものなのだ。

スズメ目モズ科

Bull-headed Shrike
モズ
Lanius bucephalus

ハヤニエで有名な武闘派の鳥。ハヤニエをたくさん作ると歌が上手くなる

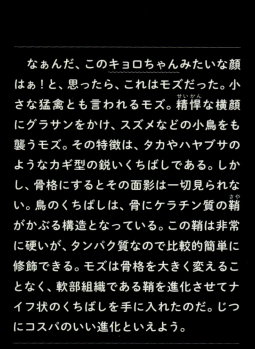

　なぁんだ、このキョロちゃんみたいな顔はぁ！と、思ったら、これはモズだった。小さな猛禽とも言われるモズ。精悍な横顔にグラサンをかけ、スズメなどの小鳥をも襲うモズ。その特徴は、タカやハヤブサのようなカギ型の鋭いくちばしである。しかし、骨格にするとその面影は一切見られない。鳥のくちばしは、骨にケラチン質の鞘がかぶる構造となっている。この鞘は非常に硬いが、タンパク質なので比較的簡単に修飾できる。モズは骨格を大きく変えることなく、軟部組織である鞘を進化させてナイフ状のくちばしを手に入れたのだ。じつにコスパのいい進化といえよう。

1cm

128

Eurasian Jay
カケス
Garrulus glandarius

目の虹彩が白い三白眼の鳥。そこだけ見るとゾンビ的である

スズメ目カラス科

　スズメ目はほかの鳥より小型の種が多いのが特徴の1つだ。その中で体サイズの大きなカラス科はひと際異彩を放つ。カラス科内で最大の種はワタリガラスで、体長60cm、体重1.2kgにも及ぶ。スズメ目の最大の鳥はコトドリとされ、体長は100cmあるが、尾羽が60cmを占めるため体重は1.1kg程度だ。そういうわけで、カラス科の勝ち。カラス科のもう1つの特徴に大きなくちばしがある。カケスはカラス科では小ぶりなほうだが、ほかのスズメ目よりは立派なくちばしを持つ。ただし、くちばしの内部はスポンジ状の軽い骨しか入っていないので、重くて肩が凝ることはないのだ。

129

スズメ目カラス科

Carrion Crow
ハシボソガラス
Corvus corone

頭のよいカラス。鳥が世界を支配するとしたら、この種は支配者候補の一角だ

ハシボソガラス（左）とキジ（右）の頭蓋骨。カラスを見た後にキジの全身骨格（p.18）を見ると、頭部の小ささがよくわかる

　カラス科の鳥は頭がいいことで知られている。もしも哺乳類が絶滅し、鳥が世界を支配するとしたら、そのときにこの星の頂点に立つのはタカでもダチョウでもなく、カラスにちがいない。その中でもハシボソガラスは特に頭のよい鳥だ。彼らの頭のよさは形態にも刻印されている。カラスの頭部はカモやキジなどの同サイズ以上の種よりはるかに大きい。さらに、頭蓋骨の脳の入る部分が横に大きくふくらんでいる。カラス学者によると、ニワトリでは脳は体重の約0.1％だが、カラスでは1.4％もあるそうだ。カラスの骨格を見た後でもう一度カモやキジを見ると、その頭の小ささが実感できる。

5 cm

Large-billed Crow
ハシブトガラス
Corvus macrorhynchos

代表的な死肉食者。いわば環境をきれいにしてくれる掃除屋さんなので、嫌わないでほしい

ハシブトガラスの頭蓋骨を真っ二つ。くちばしは中空で海面骨が支える

スズメ目カラス科

5cm

　ハシボソガラスとハシブトガラスはおでこで見分けられる。おでことくちばしの角度がより平らなのが前者、ガクッと切り替わるのが後者だ。そこで、くちばしに対するおでこ斜面の角度を測ってみた。骨ではハシボソは25度、ハシブトは37度と、12度のちがいがあった。確かにハシボソのほうが平らだ。スキーなら、前者はなんとか滑り降りられるが、後者だと心が折れる。しかし、羽毛つきの写真で測ると20度と60度になり、差が40度に広がっていた。ハシボソは羽毛でより平らに、ハシブトはより急坂になっていたのだ。なお、60度の坂は危ないので直滑降はやめておいたほうがいい。

スズメ目シジュウカラ科

Willow Tit
コガラ
Poecile montanus

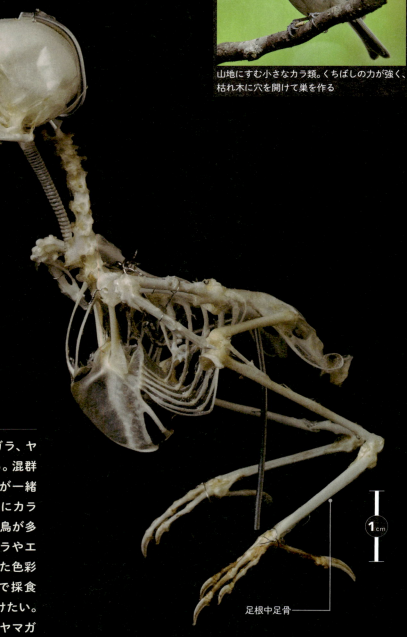

山地にすむ小さなカラ類。くちばしの力が強く、枯れ木に穴を開けて巣を作る

足根中足骨

1cm

　コガラはシジュウカラやヒガラ、ヤマガラなどと一緒に混群を作る。混群では、羽色が似ている鳥のほうが一緒になりやすい傾向がある。確かにカラ類は背中がグレーでお腹が白い鳥が多く、混群に参加するゴジュウカラやエナガ、コゲラ (p.119) なども似た色彩を持つ。しかし、同じ集団の中で採食するには、食物を巡る競争は避けたい。ヒガラ、コガラ、シジュウカラ、ヤマガラは、この順に足根中足骨もくちばしも長くなる。足根中足骨の長さは採食場所や姿勢に、くちばしの長さは食物の種類や大きさに関係する。色は似ていても形態的に異なることで、競争を緩和しているのだ。

Japanese Tit

シジュウカラ
Parus minor

スズメ目シジュウカラ科

樹洞からポストの中まで、さまざまなところに
営巣する愛すべき隣人

　身近な鳥なので、近くで観察しやすい種だ。
じっくり見る機会があれば、くちばしに注目し
よう。意外と個体差があることがわかるから
だ。先端が細くとがるくちばし、まっすぐなく
ちばし、少し湾曲したくちばし、太めのくちば
し、多様である。くちばしは季節により長さが
変わることもある。イギリスでの研究では、夏
のほうが長い傾向があり、夏冬で1mmも変わ
ることがあった。くちばしの骨の上にかぶさ
る鞘は、爪と似たケラチン質だ。代謝しやす
い組織なので、個体差も出やすく、季節や食
物のちがいで長さが変わるのだ。骨に鞘とい
う構造がくちばしを便利にしているのだ。

1cm

スズメ目ヒバリ科

Eurasian Skylark
ヒバリ
Alauda arvensis

春になると飛びながら「ピチュピチュ」と鳴く。探すと太陽が目に入って涙が出る

　地上に降りたヒバリの足元は、荒い路面や草に隠れて観察しづらい。しかし、骨格になると特徴的な第一趾を持っていることが見て取れる。長い趾には、さらに爪が長く伸びている。鳥の爪は骨の上にケラチン質の鞘が被っているので、さらにさらに長かったはずだ。地上を歩く鳥にとって、後ろ向きに生えた第一趾は前進の邪魔になる。このため第一趾が消失傾向の鳥も多い。にもかかわらずヒバリの第一趾が長いのは、接地面積を増やし安定性を増すためだろう。ただし、かかと落としで昆虫を串刺しにして捕食している可能性も捨てられないので、今後、気をつけて見ておきたい。

1cm

第一趾

134

Barn Swallow
ツバメ
Hirundo rustica

スズメ目ツバメ科

人工物を好んで営巣する。人間は捕食者対策のための衛兵でしかない

将棋の駒のような下顎骨は、逃げ惑う飛翔昆虫を咽喉の奈落に叩き込む

上腕骨

手根中手骨

多くの鳥の下顎(かがく)は、つまらないV字形で興味をひかない。しかし、ツバメの下顎は口幅を広くするため将棋の駒形をしている。効率よく飛翔採食するための開口面積を拡大しているのだ。翼に比して短い上腕骨(じょうわんこつ)も魅力だ。スズメ(p.152)とツバメの翼開長は23cmと32cm、上腕骨は17mmと15mmだ。翼開長の半分を片翼長とすると、上

1cm

スズメ目ヒヨドリ科

Light-vented Bulbul
シロガシラ
Pycnonotus sinensis

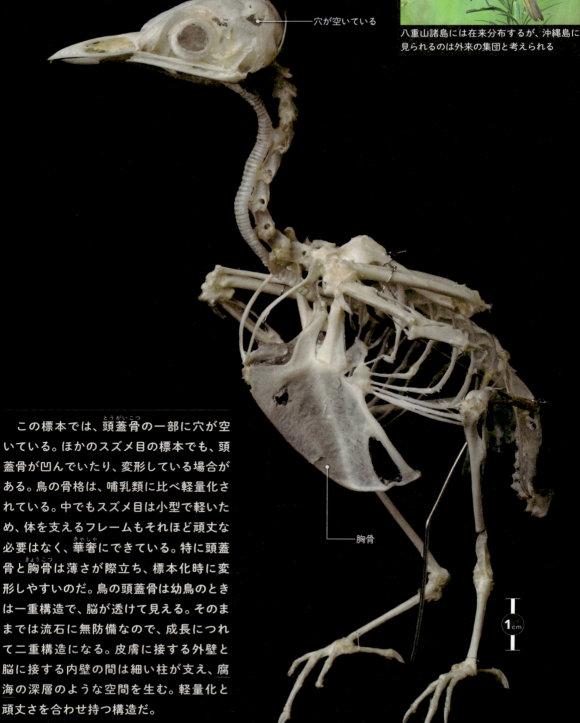

八重山諸島には在来分布するが、沖縄島に見られるのは外来の集団と考えられる

穴が空いている

胸骨

1cm

　この標本では、頭蓋骨の一部に穴が空いている。ほかのスズメ目の標本でも、頭蓋骨が凹んでいたり、変形している場合がある。鳥の骨格は、哺乳類に比べ軽量化されている。中でもスズメ目は小型で軽いため、体を支えるフレームもそれほど頑丈な必要はなく、華奢にできている。特に頭蓋骨と胸骨は薄さが際立ち、標本化時に変形しやすいのだ。鳥の頭蓋骨は幼鳥のときは一重構造で、脳が透けて見える。そのままでは流石に無防備なので、成長につれて二重構造になる。皮膚に接する外壁と脳に接する内壁の間は細い柱が支え、腐海の深層のような空間を生む。軽量化と頑丈さを合わせ持つ構造だ。

ヒヨドリ
Brown-eared Bulbul
Hypsipetes amaurotis

スズメ目ヒヨドリ科

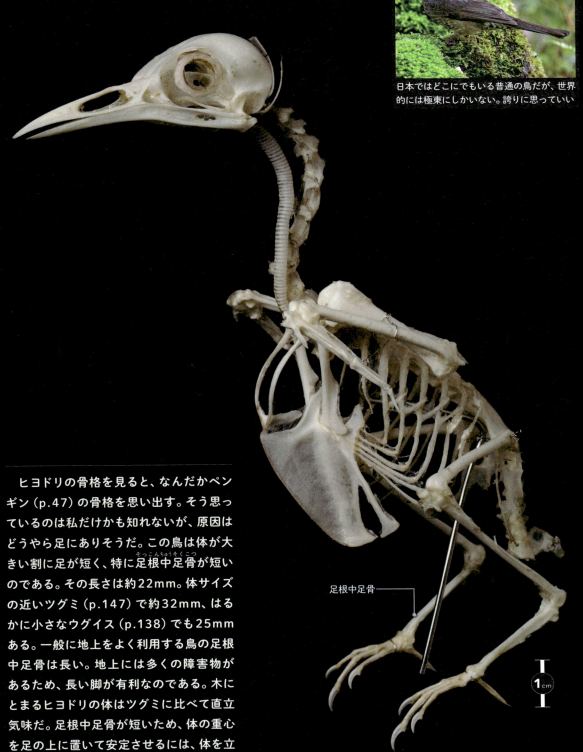

日本ではどこにでもいる普通の鳥だが、世界的には極東にしかいない。誇りに思っていい

足根中足骨

　ヒヨドリの骨格を見ると、なんだかペンギン（p.47）の骨格を思い出す。そう思っているのは私だけかも知れないが、原因はどうやら足にありそうだ。この鳥は体が大きい割に足が短く、特に足根中足骨が短いのである。その長さは約22mm。体サイズの近いツグミ（p.147）で約32mm、はるかに小さなウグイス（p.138）でも25mmある。一般に地上をよく利用する鳥の足根中足骨は長い。地上には多くの障害物があるため、長い脚が有利なのである。木にとまるヒヨドリの体はツグミに比べて直立気味だ。足根中足骨が短いため、体の重心を足の上に置いて安定させるには、体を立てるしかないのだ。

スズメ目ウグイス科

ウグイス
Japanese Bush Warbler
Cettia diphone

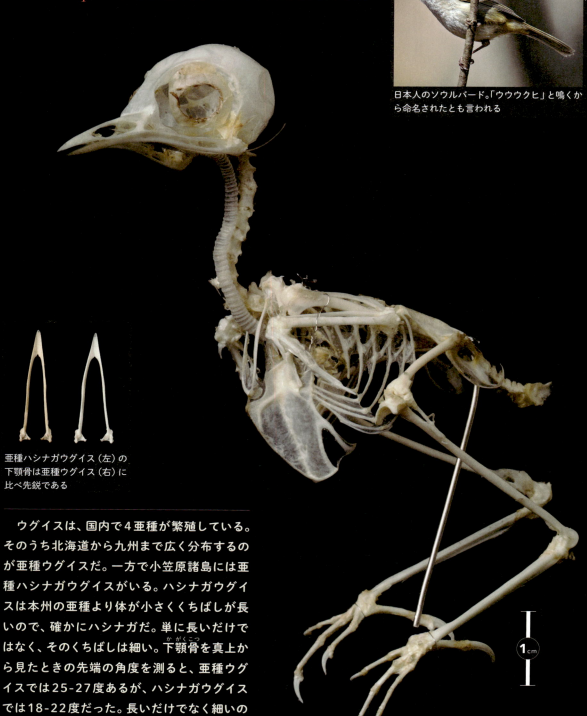

日本人のソウルバード。「ウウウクヒ」と鳴くから命名されたとも言われる

亜種ハシナガウグイス（左）の下顎骨は亜種ウグイス（右）に比べ先鋭である

　ウグイスは、国内で4亜種が繁殖している。そのうち北海道から九州まで広く分布するのが亜種ウグイスだ。一方で小笠原諸島には亜種ハシナガウグイスがいる。ハシナガウグイスは本州の亜種より体が小さくくちばしが長いので、確かにハシナガだ。単に長いだけではなく、そのくちばしは細い。下顎骨（かがくこつ）を真上から見たときの先端の角度を測ると、亜種ウグイスでは25-27度あるが、ハシナガウグイスでは18-22度だった。長いだけでなく細いのである。ただし、分類上はハシナガウグイスが基亜種なので、小笠原がハシナガなのではなく、本州がハシミジカなのだ。

138

Asian Stubtail
ヤブサメ
Urosphena squameiceps

・スズメ目ウグイス科

「シシシシシ」と虫のように鳴く。春先に夜鳴きする声は昆虫と勘ちがいされる

　日本の鳥の中で小さい種といえば、キクイタダキ、ミソサザイ、ヤブサメの3種だ。鳥界のミニモニを結成するなら彼らを置いてほかにない。小型の印象の最大の要因は尾羽の短さだが、それを抜きにしてもこれらの鳥は小さい。体が大きければ、空中で体重を支える翼には強固な骨格が必要である。一方で体が軽ければ、翼への負荷は小さい。このため、丈夫な骨格でなくとも体を支えられる。風切羽の中心にある羽軸は軽くしなやかなケラチン質だ。細い羽軸で重い体を支えるのは荷が重いが、軽ければ問題ない。ヤブサメの極度に小さい翼の骨格は軽さの証拠なのだ。

スズメ目ムシクイ科

メボソムシクイ上種
Arctic Warbler superspecies
Phylloscopus borealis s.l.

オリーブ色の華奢な小鳥。ムシクイ類は外見が似ている代わりに鳴き声が特徴的

野生動物にとって種を判別する能力は不可欠だ。異種間交雑では子孫を残せる場合は少なく、仮に雑種個体が生まれても中途半端な姿ではモテないだろう。鳥の外見が種ごとに特徴的なのは互いに認識するためだ。しかし、ムシクイ類の姿は酷似しており、分類学者の目をも欺いてきた。長年1種と思われていたメボソムシクイが、じつは遺伝的にはコムシクイ、メボソムシクイ、オオムシクイの3種に分けられるとわかったのだ。この3種は羽毛の形や色の微妙なちがいで識別できる。しかし、おそらく骨での識別は難しいだろう。この骨格標本が3種のどれなのかは、私には判別できない。

1cm

Bonin White-eye
メグロ
Apalopteron familiare

スズメ目メジロ科

小笠原の固有種。南方に起源を持ち、日本のメジロとは遠縁

　長い足とよく湾曲した爪が目立つ。メグロは小笠原群島に固有の鳥だ。小笠原は本州から約800km離れた小島嶼である。一般にキツツキは移動性が低く、遠く海を越えることは稀なため、小笠原にキツツキはいない。そのニッチを占めているのがメグロだ。メグロはキツツキのように尾羽で体を支えながら木の幹で昆虫を食べる。ただし、地面に垂直にとまるだけでなく、体を水平にしたり斜めになったりとアクロバティックに樹幹を活用する。長い足はその姿勢の制御に欠かせない。湾曲した爪は、垂壁に打ち込むアイスアックスとなる。海洋島の進化を感じさせる形態だ。

1cm

141

スズメ目メジロ科

Japanese White-eye
メジロ
Zosterops japonicus

全国に分布する緑の小鳥。寒空にツバキの花蜜を吸う姿は冬の風物詩である

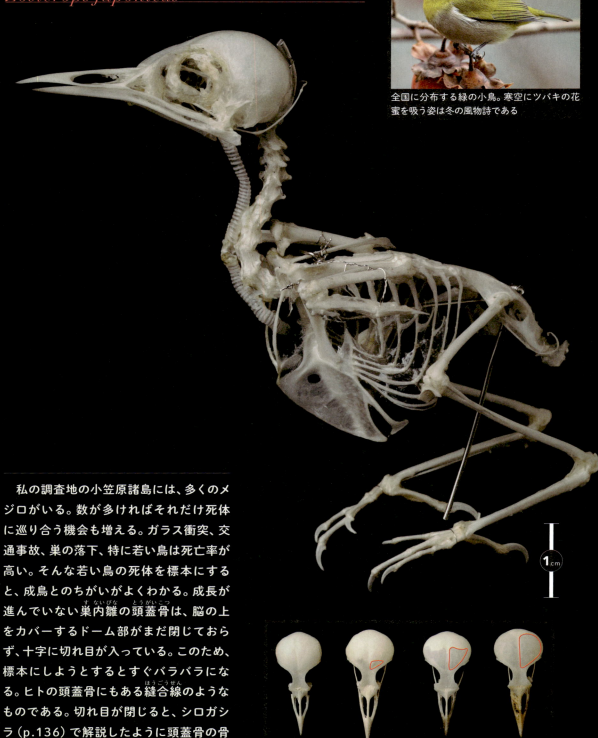

　私の調査地の小笠原諸島には、多くのメジロがいる。数が多ければそれだけ死体に巡り合う機会も増える。ガラス衝突、交通事故、巣の落下、特に若い鳥は死亡率が高い。そんな若い鳥の死体を標本にすると、成鳥とのちがいがよくわかる。成長が進んでいない巣内雛の頭蓋骨は、脳の上をカバーするドーム部がまだ閉じておらず、十字に切れ目が入っている。このため、標本にしようとするとすぐバラバラになる。ヒトの頭蓋骨にもある縫合線のようなものである。切れ目が閉じると、シロガシラ（p.136）で解説したように頭蓋骨の骨が徐々に一重から二重になり、大人の階段を登るのだ。

メジロの頭蓋骨の骨化。右ほど若い個体。最初は骨が一重構造で向こうが透けているが（赤枠部分）、次第に二重構造に強化され白くなる

142

オオヨシキリ
Oriental Reed Warbler
Acrocephalus orientalis

スズメ目ヨシキリ科

葦原で「ギョギョシ」と鳴く。ちなみにヨシキリザメは日本で最も水揚げ量の多いサメだ

大腿骨

オオヨシキリにしろヨシゴイにしろ、ヨシ原に住むのはひと苦労である。森林なら横枝につかまり安定した足場を手に入れられる。だが、ヨシ原では垂直なヨシにつかまるしかない。なんだか少林寺の僧が修行していそうな空間である。このため、これらの鳥は脚を広げて垂直なヨシにつかまる。枝にとまる鳥では見られないアクロバティックな姿勢だ。こんな脚の広げ方ができるのは、鳥類の大腿骨の股関節部が丸いボールになっているからだ。ボールジョイントは、プラモデルにも人間の股関節にも採用されている可動域の広い便利な関節なのだ。

スズメ目レンジャク科

Bohemian Waxwing

キレンジャク
Bombycilla garrulus

アオレンジャクとミドレンジャクとモモレンジャクがいないのが残念でならない

1cm

　キレンジャクとヒレンジャクは羽色と大きさに少しちがいがあるだけで、そっくりに見える。そこで手元の骨格標本を比べてみると、胸骨の印象が異なっていた。後者のほうが若干細長いのだ。胸骨の長さと幅を測ったところ、長さに対する幅の割合はキレンジャクでは47％、ヒレンジャクでは44％だった。3％のちがいは小さく思えるかもしれないが、消費税導入時の衝撃を思い出すと大きなちがいだ。ただし、胸骨は構造が薄いので標本作成時に変形しやすい。1個体ずつしか持っていないので、これが代表的な値ではない可能性もある。確かめるためにも、誰か死体をください。

144

ムクドリ
White-cheeked Starling
Spodiopsar cineraceus

スズメ目ムクドリ科

民家の軒先などで営巣する小鳥。時には数万個体の大群となり夕暮れ空に絵を描く

下顎骨

ムクドリとツグミ（p.147）は似たようなサイズで似たような場所にいる。このため骨格にすると差がなさそうに思えるかもしれない。しかし、頭蓋骨を横から見ると、くちばしの角度のちがいがわかるはずだ。ムクドリの下顎骨は真ん中あたりで角度が変わり、先端部がより下向きになっているのだ。ムクドリは地上で土の中にいる小動物をよく食べている。下向きになったくちばしは、土壌動物を掘るときに首を下げる角度が少なくてすむため、効率よく採食できるものと考えられる。動物にとって食物は、進化を促す重要なファクターとなっているのだ。

1 cm

145

スズメ目ヒタキ科

Scaly Thrush
トラツグミ
Zoothera dauma

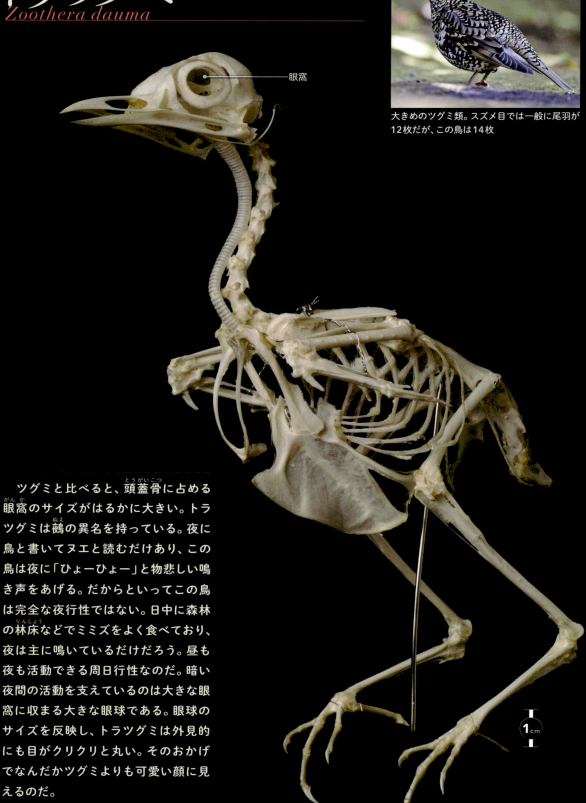

眼窩

大きめのツグミ類。スズメ目では一般に尾羽が12枚だが、この鳥は14枚

ツグミと比べると、頭蓋骨に占める眼窩のサイズがはるかに大きい。トラツグミは鵺の異名を持っている。夜に鳥と書いてヌエと読むだけあり、この鳥は夜に「ひょーひょー」と物悲しい鳴き声をあげる。だからといってこの鳥は完全な夜行性ではない。日中に森林の林床などでミミズをよく食べており、夜は主に鳴いているだけだろう。昼も夜も活動できる周日行性なのだ。暗い夜間の活動を支えているのは大きな眼窩に収まる大きな眼球である。眼球のサイズを反映し、トラツグミは外見的にも目がクリクリと丸い。そのおかげでなんだかツグミよりも可愛い顔に見えるのだ。

1 cm

ツグミ
Naumann's Thrush
Turdus naumanni

スズメ目ヒタキ科

秋になるとシベリアから飛来して、冬を連れてくる

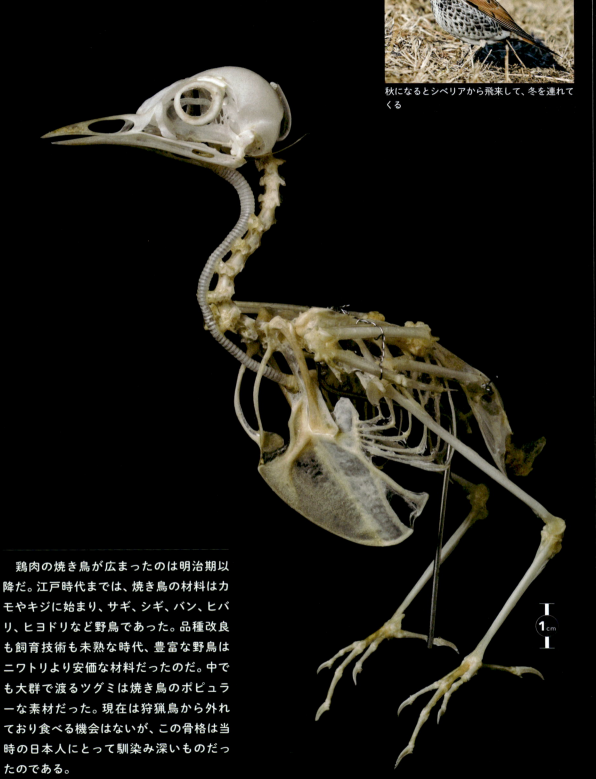

　鶏肉の焼き鳥が広まったのは明治期以降だ。江戸時代までは、焼き鳥の材料はカモやキジに始まり、サギ、シギ、バン、ヒバリ、ヒヨドリなど野鳥であった。品種改良も飼育技術も未熟な時代、豊富な野鳥はニワトリより安価な材料だったのだ。中でも大群で渡るツグミは焼き鳥のポピュラーな素材だった。現在は狩猟鳥から外れており食べる機会はないが、この骨格は当時の日本人にとって馴染み深いものだったのである。

スズメ目ヒタキ科

オガワコマドリ
Bluethroat
Luscinia svecica

オガワは鳥類学者の小川三紀に因む名だが、河川敷で見られるため誤解を生みやすい

脛足根骨

足根中足骨

1cm

　小型のヒタキ類の中で、脛足根骨と足根中足骨が抜群に長い。特にオオルリ（p.151）あたりと比べると、その長さが際立つ。一般に、地上利用者の脚は長い。鳥の進化は、アスファルト道路や会議室で起こったのではない。石や草など障害物の多い天然物の地上を歩くには、長い脚が有利なのだ。オガワコマドリは、頻繁に地上で採食をするため、その頻度に応じて長い脚を進化させてきたのである。コルリの脚が長いのも同じ理由だ。一方、フライングキャッチを得意とするオオルリでは脚の出る幕はなく、その長さは最小限にまとめられている。

ルリビタキ
Red-flanked Bluetail
Tarsiger cyanurus

スズメ目ヒタキ科

雌は褐色なので、男性中心主義的なこの命名を謝りたい

大腿骨

脛足根骨

足根中足骨

1cm

　気が向いたので、ルリビタキ、キビタキ、ジョウビタキ、コサメビタキの足の骨の長さを測ってみた。大腿骨(だいたいこつ)は体のサイズを反映するので、この骨を基準に脛足根骨(けいそっこんこつ)と足根中足骨(こんちゅうそくこつ)の長さを算出した。ジョウビタキ以外では、脛足根骨は大腿骨の1.7倍、足根中足骨は1.1〜1.3倍だった。一方でジョウビタキでは1.9倍と1.4倍となった。キビタキやコサメビタキはフライングキャッチを得意とするので足が短め、ジョウビタキはよく地上採食するので脚長でよかろう。一方でルリビタキも地上でよく採食をするのでもっと足が長いと予想していたが、そうではなかった。形態が単純に行動を反映すると思ったら大まちがいだ。

149

Blue Rock Thrush
イソヒヨドリ
Monticola solitarius

スズメ目ヒタキ科

海が好きなわけではなく、岩場が好き。最近は都市域にも進出中

　DNA分析によると、イソヒヨドリは系統的にはジョウビタキやキビタキに近い。分子生物学的な検討の以前は、その形態的な特徴からこの鳥はツグミの仲間に分類されていた。外見を素直に捉えるとツグミ類としていたのは不自然ではない。ためしにイソヒヨドリとジョウビタキ、キビタキ、ツグミなどの骨を並べてみたが、イソヒヨドリとジョウビタキをまとめる手頃な共通点をうまく見つけられなかった。確かに形態はある程度系統を反映する。しかし、それ以上に行動を反映する場合がしばしばある。分類学の父である大リンネ先生もその形態に騙されたのだ。

150

Blue-and-white Flycatcher
オオルリ
Cyanoptila cyanomelana

スズメ目ヒタキ科

日本の初夏を彩る夏鳥で、美しいさえずりは風流人の人気者

　くちばしは食物にあわせて適応的に進化する。ふだんは鳥のくちばしは横から見ることが多いが、骨にして上から見るとまた別の特徴が見える。コルリやルリビタキ（p.149）の下顎骨（かがくこつ）はほぼ二等辺三角形だが、オオルリでは縦に長い将棋の駒形だ。下顎骨はくちばしの骨だが、外見的なくちばしに相当するのは、骨の中ほどの角から先の部分だ。下顎骨の基部の幅は、頭の大きさで決まる。そのサイズを基礎としつつも、くちばしの横幅を最大限に広げるため、途中で角度を変えてあるのだ。この意匠により得られた広いストライクゾーンは、空中で虫を捕捉するための進化の結晶である。

151

スズメ目スズメ科

Eurasian Tree Sparrow
スズメ
Passer montanus

日本では里の鳥だが、ヨーロッパでは山の鳥だ。舌を切ってはいけません

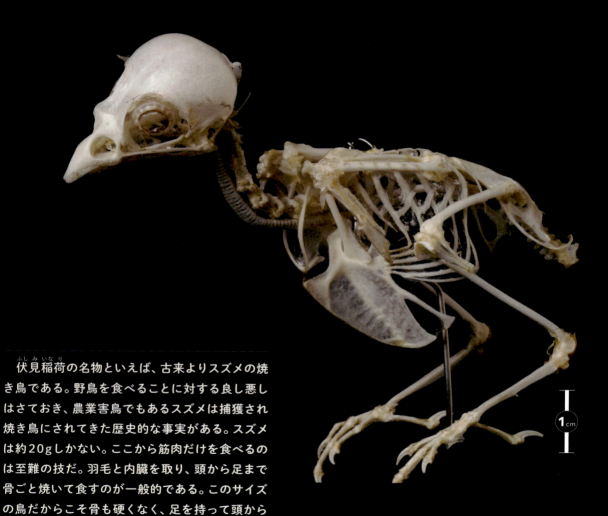

　伏見稲荷の名物といえば、古来よりスズメの焼き鳥である。野鳥を食べることに対する良し悪しはさておき、農業害鳥でもあるスズメは捕獲され焼き鳥にされてきた歴史的な事実がある。スズメは約20gしかない。ここから筋肉だけを食べるのは至難の技だ。羽毛と内臓を取り、頭から足まで骨ごと焼いて食すのが一般的である。このサイズの鳥だからこそ骨も硬くなく、足を持って頭からバリバリと食べるものだと人生の先輩方から教わった。同サイズでもネズミではそうはいくまい。飛行のため軽量化されている鳥の骨格だからこその作法なのだ。

152

White Wagtail
ハクセキレイ
Motacilla alba

河川敷でよく見られる。尾羽をぴこぴこ振るのは捕食者への警戒とされる

スズメ目セキレイ科

親指の骨

小翼羽がつく親指の骨。ハクセキレイだとわずか3mm程度の小骨だが、飛行には重要な部位だ

　ハクセキレイは20世紀後半に繁殖分布を広げ、住宅地内にまで進出しており、路上で見かけることも少なくない。身近に観察しやすいので、次のチャンスには小翼羽に注目してみよう。小翼羽は翼の前縁の真ん中あたり、風切羽の基部から生えた小さな羽毛だ。この羽毛は親指の骨に付着している。鳥の翼には親指から中指までの3本の骨が残っている。このうち人差し指と中指はあまり動かないが、親指は可動性があり、このため小翼羽は独立して開閉できる稀有な羽毛となっている。小翼羽は低速飛行時に風の乱れを抑えて飛行を安定させる。消失傾向の鳥の指骨だが、まだ現役活動中なのだ。

153

スズメ目セキレイ科

Buff-bellied Pipit
タヒバリ
Anthus rubescens

日本では草地の冬鳥。姿の地味さではヒバリ（p.134）に負けない

第一趾

　この鳥も、ヒバリ（p.134）と同じく足の第一趾とその爪が長く伸びた鳥である。セキレイ科では、ツメナガセキレイやムネアカタヒバリ、マミジロタヒバリ、コマミジロタヒバリなど、第一趾がよく伸びた鳥が多い。これはもちろん地上性の強さゆえだろう。そうなってくると、むしろキセキレイやハクセキレイ（p.153）、セグロセキレイなどの第一趾が長くないことが不自然に見えてくる。彼らとて地上生活が発達しているのだから、長くてもよいだろう。彼らにとって普通とは一体何なのだろうかと、ちょっと哲学的な気分になる昼下がりにはセキレイ科がよく似合う。

154

Oriental Greenfinch
カワラヒワ
Chloris sinica

スズメ目アトリ科

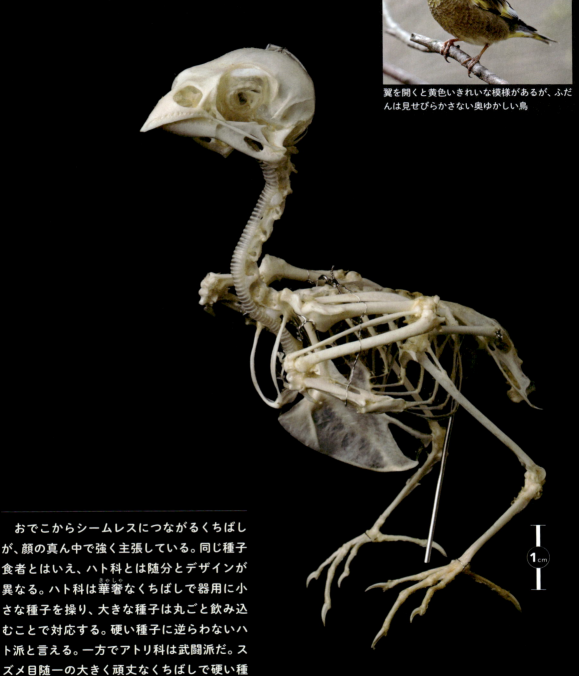

翼を開くと黄色いきれいな模様があるが、ふだんは見せびらかさない奥ゆかしい鳥

　おでこからシームレスにつながるくちばしが、顔の真ん中で強く主張している。同じ種子食者とはいえ、ハト科とは随分とデザインが異なる。ハト科は華奢なくちばしで器用に小さな種子を操り、大きな種子は丸ごと飲み込むことで対応する。硬い種子に逆らわないハト派と言える。一方でアトリ科は武闘派だ。スズメ目随一の大きく頑丈なくちばしで硬い種皮を割り、中身を取り出して食べるのだ。頭蓋骨には、眼窩の後方や下顎骨のつけ根にマッチョな凸凹がある。これはくちばしを操る筋肉のあった場所だ。マッチョな筋肉にはマッチョな頭蓋骨がよく似合うのだ。

スズメ目アトリ科

Long-tailed Rosefinch
ベニマシコ
Uragus sibiricus

東北以北で繁殖し、冬に各地の草原に現れる。マシコは「猿子」で赤い顔が由縁

ふだんは首を曲げており羽毛で包まれているため、ベニマシコの首がこれほど長いとは誰も思うまい。ベニマシコやエナガなどは、むしろ首がないような印象すらある。しかし骨格にすると、首から上が胴と同じぐらいの長さがあることがわかる。哺乳類の頸椎は原則7個だが、スズメ目の鳥の頸椎は多くの種で14個が基本となっている。この多数の頸椎のおかげで関節が増え、鳥は首をいろいろな方向に向けることができるのだ。キョロキョロとあちこちに首をかしげる可愛い仕草は、ニョロニョロヘビ的多関節機構で実現されているのだ。

156

ウソ
Eurasian Bullfinch
Pyrrhula pyrrhula

スズメ目アトリ科

天神様の使いで、菅原道真を助けたこともある。えっへん

　アトリ科のくちばしの内側は独特だ。上顎の骨の下側、すなわち口内の天井部分に、きちんと骨の蓋があるのだ。一般的なスズメ目の上顎骨では、くちばしの先端近くにしか天井がない吹き抜け構造だ。カラス科は比較的広い天井を持つが、それでも鼻孔の下あたりで吹き抜けている。このため、ほかの鳥を見慣れていると、アトリ科のくちばしの裏を見たときにナンジャコリャと感じる。この違和感が心地よいのでぜひ共有したい。アトリ科の骨格標本は下からのぞくに限る。ちなみに同じ種子食では、インコ目は天井が広いが、スズメ目は狭い。本気度のちがいは口裏でわかるのだ。

1cm

157

スズメ目アトリ科

シメ
Hawfinch
Coccothraustes coccothraustes

噛まれると痛くて血が出るので、噛まれないように気をつけてほしい

硬い種子を食べるシメの上顎（左）の裏は平面で覆われている。同じく種子食のスズメ（右）と比べても顕著だ

　上顎と下顎の縁に、ちょっとおしゃれなカバンのステッチのように、点々が並んでいる。これは三叉神経が通っていた場所であるから、触覚があった場所と考えてよさそうだ。シメはくちばしで種子の果肉や種皮を取り除いて中身を食べる。シメの目の位置を考えると、種子を操っているくちばしの縁の部分はほとんど目で確認することができないと考えられる。種子を割るくちばしは、硬く無機的なペンチのようなイメージを持つ。だが実際にはそこには触角があり、種子の状態を確認できるというわけだ。人間の歯にも神経が通っているのと同じようなものだろう。

イカル
Japanese Grosbeak
Eophona personata

スズメ目アトリ科

スズメやカラスのくちばしを黄色くするのはまちがいだが、イカルは黄色くし放題

鼻孔

くちばしのサイズが大きいことは生前の姿からもわかるが、頭蓋骨（とうがいこつ）にはほかにも特徴がある。アトリ科の他種に比べてもくちばしに占める鼻孔のサイズが小さく、堅固な構造を持っている。くちばしの基部の上側にはグランドキャニオンを流れるコロラド川の如きくぼみがあり、顎（あご）を動かす大きな筋肉の収納スペースとなっている。眼窩（がんか）の縁は目の後方が成層火山の火口のように周囲から迫り上がっている。これも大きな筋肉が付着するためだ。特徴的な頭蓋骨に目を瞠（みは）るが、首から下の各部位は結構普通の鳥である。一点豪華主義的な思い切りのよさが信条だ。

1 cm

スズメ目ホオジロ科

Meadow Bunting
ホオジロ
Emberiza cioides

姿は地味だが、美しい声で鳴きながら、一筆啓上仕り候

　ホオジロとスズメ（p.152）は日本の褐色の小鳥の代表だ。ともに種子食を好む雑食の地味な鳥で、頬が黒ければスズメ、白ければホオジロという程度の見分けがつけば、日常生活で困ることはない。もちろん見分けがつかなくても概ね困ることはない。似ている彼らであるが、骨格にするとくちばしの形態のちがいがわかる。ホオジロは上顎の骨がくちばしの途中で角度を変え、侍ジャイアンツのハイジャンプ魔球のような角度で下に曲がっている。ホオジロ科のほうが、より地上で種子をついばむのに適した形態と言える。ムクドリ（p.145）の下顎骨を思い出させる形態だ。

160

Black-faced Bunting
アオジ
Emberiza spodocephala

スズメ目ホオジロ科

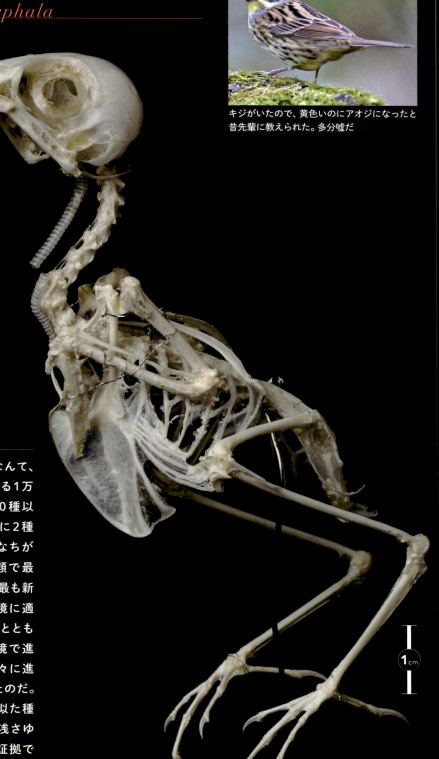

キジがいたので、黄色いのにアオジになったと昔先輩に教えられた。多分嘘だ

　アオジとホオジロの骨格なんて、見分けがつかない。世界にいる1万数百種の鳥類のうち、6,000種以上はスズメ目だ。ダチョウ目に2種しか含まれないのとは大きなちがいだ。ダチョウ目は現生鳥類で最も古い系統だが、スズメ目は最も新しい系統である。過去の環境に適応していた種は、環境の変化とともに絶滅していく。現在の環境で進化したスズメ目は世界の隅々に進出し、莫大な種数に分化したのだ。スズメ目には外見も中身も似た種が多いのは、進化の歴史の浅さゆえであり、現環境の勝者の証拠でもある。アオジとホオジロの見分けがつかなくてもしょうがないのだ。

161

「誰がために骨となる」

研究用のトビ1個体分の骨格標本。仮剥製に比べると1羽分のコンパクトさがよくわかる

骨が薔薇薔薇…という感じ

　骨格標本というと、骸骨戦士のように全身が連なった姿が代表的だ。これを交連骨格と呼ぶ。その動物の骨格的特徴の全体像を把握したり、展示したりするにはこのタイプがいい。
　一方で、多くの研究にはバラバラになった分離骨格を使用する。個別の骨なら計測や比較が容易で、なによりも収納スペースが小さくて済む。分離骨格ならデミタスカップ1杯でツグミの骨が3羽分は保管できる。
　そんな骨たちは、さまざまな研究に使用されている。
　古くから骨は分類のための基準となってきた。たとえばダチョウやエミューなどの仲間は古口蓋類と呼ばれるが、これ

は口蓋骨の形態で分類されたものだ。

　身近なところでは、同定のための図鑑のような使い途がある。タカの食痕やネコの糞、焼き鳥の後の皿の上、鳥の骨は色々な場所に出現する。種や部位を突き止めれば、捕食者の食性や恋人の好みがわかるという寸法だ。

　対象は現生種とは限らない。古い遺跡からも多くの骨が産出する。古代人の食事の残滓や、偶然まぎれ込んだフクロウのペリットなどから、当時の食生活や鳥類相が浮かび上がる。

　時には古生物の外部形態や行動の復元にも使われる。たとえば白亜紀の地層から見つかったヘスペロルニスという古鳥類は、カイツブリ科やアビ科の骨との比較から、足こぎで潜水していた弁足の鳥と推定されている。

化石の記憶

　軟弱極まりない軟部組織と違い、骨の保存性は極めて高い。時には地面の下で数億年も眠り続ける。この保存性を生かして、骨は破壊的な研究に使用されることもある。

　古代の人骨からDNAが検出されたという話題がしばしばニュースになる。もちろん人骨だけでなく、鳥の骨からもDNAは抽出可能である。たとえば北海道大学の江田真毅氏らは、各地の縄文遺跡から出土したアホウドリ類の骨からDNAを抽出し、当時のアホウドリ類の分布を復元している。

　とはいえ、DNAは分解されやすいため保存状態がよくないと抽出できない。DNAは521年で半減期を迎えるため、ある程度以上古いと残らないのだ。

　一方、骨中にはコラーゲンが含まれる。コラーゲンはDNAよりも安定しており、時には1億年以上も保存される。これを構成するアミノ酸の配列は系統を反映すると考えられており、その配列の違いから骨が何の仲間かが推定できる。恐竜からのDNA抽出は成功していないが、ティラノサウルスの骨からはコラーゲンが抽出されている。そのアミノ酸配列を比較した結果、彼らはワニやトカゲよりダチョウやニワトリに近縁であることが証明されたのだ。

　骨からは、窒素や炭素などの安定同位体比を計測することもできる。これらを調べればその生物が生態系のピラミッドの中で、どの地位にいたかを知ることができ、古代の動物がどのような食物を利用していたかがわかるのだ。また、硫黄の同位体比を使用すれば、食物が海由来のものか、陸由来のものかを推定できる。

　酸素の同位体比は体温によって変化することがわかっている。このため、古生物の骨中の酸素同位体比から、生きていたときの体温を推定する研究も進められている。水中に含まれる酸素の同位体比は標高によって異なるため、生息場所の推定に使われることもある。

　骨は頑丈なストレージである。そこには太古の記憶が刻まれているのだ。

用語の解説

- **アイアンマン**：トニー・スタークが開発したパワードスーツ。主に高密度カーボンと金とチタニウムの合金の外装を持つ。
- **足こぎ潜水**：脚を推進器官とする潜水方法。アビやカイツブリなど。
- **甘食**：ふわふわしていないマドレーヌ様の焼き菓子。ボソボソ感は長所。
- **エイリアン**：H・R・ギーガーが生み出した恐怖の権化。宇宙では、あなたの悲鳴は誰にも聞こえない。
- **エイリアン的口吻**：エイリアンには眼がなく、口の中から口吻が飛び出す。あるべきものがなく、ないものがある恐怖がそこにある。
- **カル・エル**：スーパーマンの本名。空を自在に飛び、鳥や飛行機に間違えられる。目からビームが出る。バットマンと仲が悪い。
- **寄生**：ある生物が宿主となる個体から一方的に利益を得て、逆に宿主が不利益を得る関係。
- **擬態**：ほかの事物に形質を似せる行動。
- **気嚢**：鳥の肺の前後にある呼吸器官。薄膜で包まれた空気嚢。呼吸の効率化や体熱の発散に貢献する。
- **キョロちゃん**：森永チョコボールに登場する鳥類。三前趾足の普通の鳥。
- **筋胃**：鳥が持つ胃の1つ。胃壁を包む筋肉で硬い種子や貝をも叩き割る。砂嚢、砂肝とも呼ばれる。
- **グフ**：ジオン公国の新型モビルスーツ。肩から伸びたスパイクが上腕骨稜を思い出せる。
- **グライディング（滑空）**：広げた翼で羽ばたかずに飛行する方法。
- **古口蓋類**：走鳥類とシギダチョウ目を含む現生鳥類で最も古いグループ。ほかの現生鳥類はすべて新口蓋類。
- **ゴジラザウルス**：水爆実験の影響でゴジラに変異した恐竜。ゴジラサウルスとは別種。
- **ゴンとドテチン**：何にもない大地に住む原始人と友達のゴリラ。マンモスやイノシシを狩る。
- **ザク**：ジオン公国が開発した量産型モビルスーツ。左肩のトゲトゲスパイクがパンクでロック。
- **侍ジャイアンツのハイジャンプ魔球**：番場蛮が生み出した投球。高くジャンプして投げ下ろすため、たいへん打ちづらい。

- **シソチョウ**：約1億5千万年前の古鳥類。脚にも翼があり四翼で飛行したと考えられる。
- **ジャンピングダブルニー**：曲げた両膝を空中から相手に叩き込む。外れると自らが負傷する諸刃の剣。
- **ショベレスト**：ショベルの最上級。
- **全鼻孔型**：鼻孔が小さく丸みがあり、前顎骨鼻突起までで孔が止まる。
- **大リンネ先生**：二名法を考案し分類学の父とされるカール・フォン・リンネ。息子の名前もカール・フォン・リンネ。
- **T2ファージ**：アポロ月着陸船的なウィルス。
- **ドーバーデーモン**：アメリカのマサチューセッツ州に分布する固有動物。未記載種。
- **トトロ**：大型二足歩行哺乳類。頭部に毛で覆われたツノ状突起があるが、その機能は未詳。
- **飛び込み潜水**：空中からの勢いによる潜水方法。カワセミやカツオドリなど。
- **トム・クルーズ**：恋にアクションに忙しいイケメン。バイクの運転はプロ並みで、スタントなしで撮影をこなす。
- **トルメキア帝国**：最終戦争後のディストピアにてヴ王の下に支配体制を拡大する巨大国家。
- **日周行動（日周性）**：一昼夜を1つの周期として現れる行動パターン。夜行性や昼行性、薄明薄暮性などなど。
- **ニョロニョロ**：電気を発するニョロニョロした動物。群れで活動し、ボートに乗るときは常に奇数。
- **250ccのファンタ**：昭和を席巻した缶ジュース。最近あまり見かけない。
- **ハイハイン**：赤ちゃんも食べやすい口どけ煎餅。亀田製菓。
- **白亜紀**：ジュラ紀に続く中生代の最後の時代。
- **バットマン**：仮装をした強い金持ち。マントをハンググライダー的に展開して滑空する。
- **ハニカム構造**：正六角形を隙間なく並べた構造。軽量かつ頑丈で戦車や戦闘機にも採用される。
- **羽ばたき潜水**：翼を推進器官とする潜水方法。ペンギンやウミスズメなど。
- **ビーチシャーク**：砂浜を泳ぐサメ。海から脱して油断した海水浴客を恐怖の奈落に落とす。
- **飛頭蛮**：夜になると頭部が胴体から離れて飛行する中国の哺乳類。轆轤首の姉妹群。
- **腐海**：人間に汚染された世界を飲み込み浄化する新たな生態系。

- ブロブフィッシュ：世界で最も醜い生き物。MIB3で有名。
- 分鼻孔型：鼻孔が前後に広く、前顎骨鼻突起を越えて孔が後方に広がる。
- ポパイとオリーブ：ほうれん草好きの水兵さんとその彼女。彼女の本名はオリーブ・オイル。時々浮気する。
- ホンダのモンキーとゴリラ：同じフレームとエンジンを持つ50ccの兄弟バイク。ゴリラのほうがタンクが大きい。
- マゼラトップ：ジオン公国の主力戦車の上半身。砲台部分が分離しての飛行が可能。
- マリモ羊羹：爪楊枝を刺すとニュクリっと皮が剥がれて食べやすくなる。20世紀の羊羹界最大の発明。
- ミニモニ：ハロプロからデビューした身長150cm以下の女性アイドルユニット。
- 鳴管：気管の分岐点にある鳥の発声器官。
- モンゴリアン・デスワーム：地中を移動し飛び上がって毒を吐く恐ろしい動物。未記載種。
- 有羊膜類：発生初期に胚が羊膜を持つ動物のグループ。両生類から進化し、哺乳類や爬虫類を含む。
- 溶鉱炉に沈みゆくT-800のハンドサイン的グッドラック：T-1000を調伏し、役目を終えたサイボーグの最後の仕事は自らを消し去ることだった。サムズアップは友情の証だ。
- ラナの友達のテキイ：最終戦争を生き残ったコアジサシ。少女ラナと心を通わせる。
- 両津勘吉：葛飾区亀有公園前派出所に勤務する地方公務員。
- レモンスクイーザー：レモン絞り機。スタルクデザインの製品はアレッシィで買える。
- 技の1号、力の2号：仮面ライダー1号と2号のキャッチコピー。ちなみに1号はIQ600らしい。

主な参考文献

- 犬塚則久（2006）恐竜ホネホネ学. 日本放送出版協会.
- 大阪市立自然史博物館（2007）標本の作り方. 東海大学出版会.
- 黒田長久（1962）動物系統分類学10（上）脊椎動物III. 中山書店.
- 国立科学博物館（2003）標本学誌自然史標本の収集と管理. 東海大学出版会.
- 菅沼常徳, 浅利昌男（訳）（1997）鳥のX線解剖アトラス. 文永堂出版.
- 菅原浩・柿澤亮三（1993）図説日本鳥名由来辞典. 柏書房.
- 杉田照栄（2018）カラス学のすすめ. 緑書房.
- 鈴木隆雄, 林 泰史（2003）骨の辞典. 朝倉書店.
- 八谷昇, 大泰司紀之（1994）骨格標本作成法. 北海道大学図書刊行会.
- 松井章（2008）動物考古学. 京都大学学術出版会.
- 松岡廣繁（2009）鳥の骨探. NTS.
- 盛口満（2008）フライドチキンの恐竜学. ソフトバンククリエイティブ.
- アラン・フェドゥーシア（2004）鳥の起源と進化. 平凡社.
- ソーア・ハンソン（2013）羽. 白揚社
- ダレン・ナイシュ, ポール・バレット（2019）恐竜の教科書. 創元社.
- ティム・バークヘッド（2018）鳥の卵. 白揚社
- フランク・ギル（2009）鳥類学. 新樹社.
- Brown R, Ferguson J, Lawrence M & Lees D (2003) Tracks and Signs of the Birds of Britain and Europe 2nd ed. Christopher Helm.
- Dyce, Sack & Wensing (2002) 獣医解剖学第二版. 近代出版.
- Gilbert BM, Martin LD, Savage HG (1996) Avian Osteology. Missouri Archaeological Society Inc.
- Kaiser GW (2008) The Inner Bird: Anatomy and Evolution. Univ of British Columbia Press.
- Lovette IJ & Fitzpatrick JW（2016）Handbook of Bird Biology 3rd ed. Wiley.
- Noble S. Proctor and Patrick J. Lynch; With selected drawings by Susan Hochgraf (1998) Manual of Ornithology: Avian Structure and Function. Yale University Press.
- van Grouw K (2013) The unfeathered bird. Princeton Univ Press.

種名索引

- ・我孫子市鳥の博物館：**A**
- ・ミュージアムパーク茨城自然博物館：**I**
- ・山階鳥類研究所：**Y**

種名	所蔵	ページ
あ アオゲラ	A	121
アオサギ	A	62
アオジ	A	161
アオバズク	A	112
アオバト	A	44
アカアシシギ	A	88
アカゲラ	A	120
アカショウビン	A	115
アネハヅル	A	71
アマツバメ	Y	82
アリスイ	A	118
イカル	A	159
イソヒヨドリ	A	150
ウグイス	A	138
ウズラ	A	17
ウソ	A	157
ウトウ	A	98
ウミウ	I	55
ウミガラス	A	95
ウミスズメ	A	97
ウミネコ	I	92
エミュー	A	15

種名	所蔵	ページ
オオクイナ	A	72
オオコノハズク	A	109
オオタカ	A	106
オオハクチョウ	A	25
オオハム	A	45
オオバン	A	77
オオミズナギドリ	A	51
オオヨシキリ	A	143
オオヨシゴイ	A	59
オオルリ	A	151
オオワシ	A	103
オガワコマドリ	A	148
オシドリ	A	26
オジロワシ	A	102
オバシギ	A	90
か カイツブリ	A	37
カケス	A	129
カツオドリ	A	53
カッコウ	A	80
カラスバト	A	41
カルガモ	A	29
カワアイサ	A	36
カワウ	A	54
カワセミ	A	116
カワラバト	A	40

種名	所蔵	ページ
カワラヒワ	A	155
カンムリカイツブリ	I	38
キジ	A	18
キジバト	A	42
キレンジャク	A	144
キンクロハジロ	I	32
キンバト	A	43
クイナ	I	74
クサシギ	A	89
ケイマフリ	A	96
コアジサシ	A	93
コアホウドリ	A	48
ゴイサギ	A	60
コウライウグイス	A	127
コガモ	A	31
コガラ	A	132
コゲラ	A	119
コサギ	A	66
コジュケイ	A	19
コノハズク	A	110
コブハクチョウ	A	24
コミミズク	A	113
さ ササゴイ	A	61
サシバ	A	107
サンカノゴイ	A	57

166

種名	所蔵	ページ
シジュウカラ	A	133
シジュウカラガン	A	23
シノリガモ	I	34
シメ	A	158
シロエリオオハム	A	46
シロガシラ	A	136
シロハラクイナ	A	75
シロハラミズナギドリ	A	50
スズガモ	I	33
スズメ	A	152
セグロアジサシ	A	94
た ダイサギ	A	64
タゲリ	A	84
タシギ	A	87
ダチョウ	A	14
タヒバリ	A	154
タンチョウ	A	70
チゴハヤブサ	I	123
チュウサギ	A	65
チョウゲンボウ	A	122
ツグミ	A	147
ツツドリ	A	79
ツバメ	A	135
ツミ	A	104
トビ	A	101

種名	所蔵	ページ
トラツグミ	A	146
な ニワトリ	I	20
ノガン	A	78
ノスリ	A	108
は ハイイロウミツバメ	A	52
ハイタカ	A	105
ハクセキレイ	A	153
ハシビロガモ	I	30
ハシビロコウ	A	68
ハシブトガラス	A	131
ハシボソガラス	A	130
ハジロカイツブリ	A	39
ハチクマ	I	100
ハヤブサ	A	124
バン	A	76
ヒシクイ	A	22
ヒドリガモ	A	27
ヒバリ	A	134
ヒヨドリ	A	137
ビロードキンクロ	A	35
フクロウ	A	111
フルマカモメ	A	49
フンボルトペンギン	A	47
ベニコンゴウインコ	A	125
ベニマシコ	A	156

種名	所蔵	ページ
ヘビクイワシ	A	99
ホオジロ	A	160
ま マガモ	I	28
マナヅル	A	69
ミドリフタオハチドリ	A	83
ムクドリ	A	145
ムナグロ	A	85
ムラサキサギ	A	63
メグロ	A	141
メジロ	A	142
メボソムシクイ上種	A	140
モズ	A	128
モモイロペリカン	A	56
や ヤツガシラ	A	114
ヤブサメ	A	139
ヤマシギ	A	86
ヤマセミ	A	117
ヤンバルクイナ	A	73
ユリカモメ	A	91
ヨシゴイ	A	58
ヨタカ	A	81
ら ライチョウ	I	16
ルリビタキ	A	149

※フンボルトペンギン（カバー）、ハシビロコウ（p.1）、アオシギ・ルリビタキ・オナガガモ（p2）の骨格標本は、すべて我孫子市鳥の博物館収蔵。

■ 著者
川上和人（かわかみ・かずと）
森林総合研究所・主任研究員。小笠原諸島の鳥類の進化と保全の研究に従事。好きなカールはチーズ味。好きなブルボンはルマンド。好きなジェイソンはステイサム。ただし、一生カールか、一生ピーナッツかの二者択一なら後者だ。ピーナッツはジョッキでゴクゴクいけます。著書に『鳥肉以上、鳥学未満。』（岩波書店）、『鳥類学者だからって、鳥が好きだと思うなよ。』（新潮社）、『そもそも島に進化あり』（技術評論社）等。

■ 写真
中村利和（なかむら・としかず）
神奈川県生まれ。写真家。日本大学芸術学部写真学科を卒業後、アシスタントを経てフリーランス。高校生のころ、友人の影響で観察を始めて以来、身近な野鳥を中心にその自然な表情、仕草を記録している。「光」にこだわり、「光」が感じられる写真を心掛けている。2017年、青菁社より写真集『BIRD CALL』を出版。

■ 標本撮影・取材協力
我孫子市鳥の博物館
ミュージアムパーク茨城自然博物館
森林総合研究所

■ 写真協力
新谷亮太（オオヨシゴイ、アネハヅル、オオクイナ、コウライウグイス）
菅原貴徳（セグロアジサシ）
中村咲子（アカガシラカラスバト、シロハラミズナギドリ、ハイイロウミツバメ、メグロ）
福井県立恐竜博物館（フクイラプトル、タペジャラ）
山階鳥類研究所（アマツバメの骨格標本）
麻布大学いのちの博物館（アズマモグラの骨格標本）
amanaimages（ノガン、ミドリフタオハチドリ）

■ デザイン
國末孝弘（ブリッツ）

BIRDER SPECIAL
鳥の骨格標本図鑑
2019年11月22日　初版第1刷発行

発行者　斉藤　博
発行所　株式会社 文一総合出版
　　　　〒162-0812　東京都新宿区西五軒町2-5
　　　　tel. 03-3235-7341（営業）、03-3235-7342（編集）
　　　　fax. 03-3269-1402
　　　　URL: https//www.bun-ichi.co.jp/
振替　00120-5-42149
印刷　奥村印刷株式会社

乱丁・落丁本はお取り替え致します。
© 2019 Kazuto Kawakami & Toshikazu Nakamura
ISBN978-4-8299-7509-1　NDC488　182×257mm　168P

JCOPY〈㈳出版社著作権管理機構　委託出版物〉
本書の無断複写は著作権法上での例外を除き禁じられています。複写される場合は、そのつど事前に、㈳出版社著作権管理機構（tel.03-3513-6969、fax.03-3513-6979、e-mail：info@jcopy.or.jp）の許諾を得てください。